U0302524

Pollen Atlas of
Changbai Mountain
Spermatophyta

长白山
常见种子植物花粉图谱

孟庆繁　冯立超　著

科学出版社
北　京

内 容 简 介

本书运用扫描电镜对长白山区不同植被垂直带内314种常见种子植物花粉形态特征进行超景深立体微观结构观察及图像采集，并结合孢粉学分类专业术语分别对花粉的形态、结构进行描述。对部分访花昆虫体壁携带花粉进行扫描电镜图像采集，通过与不同科属植物花粉特征进行比较，鉴定了昆虫体壁携带花粉种类。为探讨传粉昆虫与种子植物互惠共生网络构建及物种种间协同进化关系提供操作性强、精确度高的技术方法。

本书对植物学、孢粉学、昆虫学等相关领域的研究人员、科技工作者、科普爱好者均具一定的参考价值。

图书在版编目（CIP）数据

长白山常见种子植物花粉图谱 / 孟庆繁, 冯立超著. -- 北京：科学出版社，2024.11

ISBN 978-7-03-077488-0

Ⅰ.①长… Ⅱ.①孟… ②冯… Ⅲ.①长白山 - 种子植物 - 花粉 - 图谱 Ⅳ.①Q944.42-64

中国国家版本馆CIP数据核字(2024)第011219号

责任编辑：李秀伟　白　雪 / 责任校对：严　娜
责任印制：肖　兴 / 书籍设计：北京美光设计制版有限公司

科学出版社 出版
北京东黄城根北街16号
邮政编码：100717
http://www.sciencep.com

北京华联印刷有限公司印刷
科学出版社发行　各地新华书店经销
*

2024年11月第　一　版　开本：787×1092　1/16
2024年11月第一次印刷　印张：24 1/2
字数：580 000

定价：398.00元

（如有印装质量问题，我社负责调换）

　　《长白山常见种子植物花粉图谱》是我国首部介绍长白山国家级自然保护区种子植物花粉结构和组成的图集。从花粉表面微结构、极轴、极点三个不同视角以超显微图片形式记录其形态结构、表面组织构成，运用微观尺度在视觉上呈现了种子植物花粉的高清表面特征和基本构造。使用国际孢粉学研究领域的专业词汇对花粉不同组织及部位构成进行叙述，准确直观地阐释了长白山不同种类植物花粉的结构特征，包括同科不同属、同属不同种的相似性及差异性，以专业兼具科普的形式介绍了长白山国家级自然保护区常见种子植物的花粉类型及组成。

　　本书在空间维度上对长白山海拔800～2500 m的落叶阔叶林带、红松阔叶林带、针叶林带、亚高山岳桦林带和高山苔原带5个植被垂直分布带内常见草本、木本种子植物花粉分别进行了采集，共涵盖314种（含种下等级）长白山常见种子植物花粉形态特征图。通过对长白山不同时节常见种子植物花粉进行收集，经样品制备处理，采用扫描电镜拍照制图，形成图片质量清晰、层次结构多样、立体感强的花粉图片，突显了不同区域及不同科属植物的花粉形态特征及构成，内容丰富，结构紧凑。围绕常见种子植物花粉外部特征、结构，如沟、萌发孔、纹饰、极点形态、极轴长短、花粉直径等信息进行重点描述，并根据这些特征和结构对不同科属类别进行划分，结合植物学分类特点突出不同科属植物花粉的异同点。同时，通过比对传粉昆虫体表携带花粉的扫描电镜图片与区域植物花粉特征，鉴别昆虫体表携带植物花粉的种类及数量，补充昆虫访花行为中未被观察到的其所到访的种子植物种类，有助于构建区域完整的传粉昆虫与种子植物互惠共生网络（mutualistic network），以及计算物种依赖强度（dependence）、种间连接强度（connectance）等互惠共生网络结构参数，从而阐释长白山区传粉昆虫与种子植物种间联系（interspecific interaction）的变化趋势，解析传粉昆虫与种子植物网络结构的时空动态及其对濒危物种种群维持的作用机制。本书对长白山区种子植物繁殖与物种延续、传粉昆虫与种子植物种间协同进化及环境适应性研究，以及长白山传粉昆虫、种子植物物种多样性监测与保护具有重要的参考价值。

本书内容是研究种子植物与传粉昆虫之间联系的基础，传粉昆虫与种子植物协同进化关系、网络结构稳定性及构建机制、传粉昆虫群落分布及构成是后续系列研究的重点内容。通过解析昆虫体躯所携带花粉的种类及肉眼观察其所到访种子植物的种类来构建长白山传粉昆虫与种子植物互惠共生网络结构，解析传粉昆虫与种子植物网络结构的稳定性、物种维持和种间关系建立的机制，了解长白山国家级自然保护区内传粉昆虫与种子植物网络对濒危物种种群维持的作用，探索种间关系的变化趋势，可为保护长白山传粉昆虫物种、种子植物资源多样性提供研究参考及技术支持。

在本书撰写过程中，北华大学林学院杜凤国教授审阅了书稿，并对部分植物标本进行了复核鉴定；王戈戎副教授、高文韬副教授分别帮助鉴定了部分植物和昆虫标本；夏富才教授、李燕教授参与了部分植物采集工作；张洁副教授帮助绘制了部分图片；白山市林业科学研究院刘学芝研究员、北华大学林学院范春楠教授、长白山自然保护管理中心周海城先生提供了部分植物图片。笔者在此对上述专家的无私帮助表达最深切的谢意！本书同时得到吉林省长白山区昆虫生物多样性与生态系统功能重点实验室项目（YDZJ202102CXJD032）的支持。

著　者

2023 年 12 月

Contents

目 录

第三章　昆虫及其体壁携带花粉的形态特征

长白山自然保护区

1979年经联合国教科文组织（UNESCO）批准加入"人与生物圈计划"世界生物圈保护区网络；

1986年晋升为国家级森林和野生动物类型自然保护区；

2022年入选世界自然保护联盟(IUCN)《IUCN绿色名录》"世界最佳自然保护地"。

第一章
绪　　论

一、长白山自然概况

长白山国家级自然保护区位于我国吉林省东南部，东南部与朝鲜毗邻。地理坐标为北纬41°41′49″～42°25′18″、东经127°42′55″～128°16′48″，总面积约20万hm²。主要保护温带森林生态系统、自然历史遗迹和珍稀动植物。长白山脉是欧亚大陆东缘最高山系，呈东北—西南走向，主峰海拔2691 m。

长白山是北半球同纬度地区生物多样性最丰富的地区之一，拥有同纬度较典型、保存较为完好的温带山地森林生态系统，区内植被类型多样、垂直带谱明显，自下而上依次为红松阔叶林带、针叶林带、岳桦林带和高山苔原带，基本涵盖了欧亚大陆从中温带到寒带的主要植被类型。

1979年，长白山自然保护区经联合国教科文组织（UNESCO）批准加入"人与生物圈计划"世界生物圈保护区网络；1986年晋升为国家级森林和野生动物类型自然保护区；2022年入选世界自然保护联盟（IUCN）《IUCN绿色名录》"世界最佳自然保护地"。

长白山处于东亚大陆边缘，濒临太平洋的强烈褶皱带。地貌为典型的火山地貌。随海拔自下而上主要由玄武岩台地、玄武岩高原和火山锥体三大部分构成。在玄武岩台地和玄武岩高原上是火山锥体——长白山主峰。玄武岩台地在1000 m以下，地势比较平缓。玄武岩高原介于玄武岩台地和火山锥体之间，是陡峻的火山锥体向玄武岩台地的过渡地带。

长白山属受季风影响的温带大陆性山地气候，四季分明。春季风大干燥，夏季短暂温凉，秋季多雾凉爽，冬季漫长寒冷。年平均气温在–7～3℃，最低气温超过–40℃，无霜期一般仅为100 d左右。降水丰富，年平均降水量700～1400 mm，其中60%～70%集中在6～9月。日照时间为每年2300 h。长白山是欧亚大陆东缘的最高山系，具有明显的垂直气候带，自下而上分别为中温带、山地寒温带、亚高山寒温带、亚高山寒带和高山寒带。

由于地质地貌、成土母质、植被和气候等自然因素的差异，土壤垂直分带明显，自下而上依次为山地暗棕色森林土带、山地棕色针叶林土带、亚高山疏林草甸土带和高山苔原土带。

长白山保护区内河流众多，水源丰富，是松花江、鸭绿江、图们江的发源地。

二、长白山种子植物基本情况

长白山复杂的地史变迁、丰富的植被类型和多样化的生境，孕育了丰富的动植物资源。据统计，长白山现有植物2277种，其中高等植物56目187科1727种。其中，常见种子植物578种，隶属93科。

长白山山体高大，垂直高差超过2000 m，呈现出明显的气候、土壤和植被垂直带状分布特征。相应的不同植被带种子植物种类组成、广域分布种子植物的多度垂直分布、植物花期等均存在明显的差异，呈现出"一山有四季，十里不同天"的壮观景象。

在红松阔叶林带，代表性木本种子植物有白桦 *Betula platyphylla*、胡桃楸 *Juglans mandshurica*、紫椴 *Tilia amurensis*、辽椴 *Tilia mandshurica*、色木槭 *Acer pictum*、暴马丁香 *Syringa reticulata* subsp. *amurensis*、土庄绣线菊 *Spiraea ouensanensis*、东北山梅花 *Philadelphus schrenkii*、卫矛 *Euonymus alatus*、珍珠梅 *Sorbaria sorbifolia* 等；草本种子植物有大落新妇 *Astilbe grandis*、毛百合 *Lilium dauricum*、长白耧斗菜 *Aquilegia flabellata* var. *pumila*、长白山橐吾 *Ligularia jamesii*、黑水当归 *Angelica amurensis*、东北羊角芹 *Aegopodium alpestre*、大白花地榆 *Sanguisorba stipulata*、兴安鹿药 *Maianthemum dahuricum* 等。在针叶林带，代表性木本种子植物有青楷槭 *Acer tegmentosum*、水榆花楸 *Sorbus alnifolia* 等；草本种子植物有兴安一枝黄花 *Solidago dahurica*、党参 *Codonopsis pilosula* 等。在岳桦林带，代表性木本种子植物有牛皮杜鹃 *Rhododendron aureum*、蓝靛果忍冬 *Lonicera caerulea*；草本种子植物有美花风毛菊 *Saussurea pulchella*、长白金莲花 *Trollius japonicus* 等。在高山苔原带，代表性木本种子植物有东亚仙女木 *Dryas octopetala* var. *asiatica*；草本种子植物有轮叶马先蒿 *Pedicularis verticillata*、高山龙胆 *Gentiana algida*、高山罂粟 *Oreomecon alpina*、洼瓣花 *Gagea serotina*、长白棘豆 *Oxytropis anertii* 等。

具体种子植物种类在各分布带内组成情况见表1-1。

表1-1　长白山各带种子植物统计（引自孟庆繁和高文韬，2008）

林型	科（裸子植物）	比例（%）	种（裸子植物）	比例（%）
红松阔叶林	80（2）	86.02	473（7）	81.83
针叶林	46（3）	49.46	181（10）	31.31
岳桦林	26（3）	27.96	67（7）	11.59
高山苔原	23（1）	24.73	52（1）	8.99
总计	93（3）	100	578（13）	100

注：括号中的数字代表裸子植物科（种）数

从表1-1中可以看出，长白山有种子植物578种，隶属93科。其中被子植物占绝对优势，包括90科565种，而裸子植物仅有3科13种，分别占种子植物科的3.2%和种的2.2%。科、种的数量组成随海拔的升高显著降低，且降低的速度逐渐减缓。本书所收录的314种（含种下等级）种子植物分布于上述长白山各植被分布带，包括裸子植物和被子植物在内，分属35目70科。

长白山由于其丰富的种子植物资源，特别是在亚高山草甸地带资源尤为丰富，故有"高山花园"之称。随着短暂夏季的到来，保护区内大多数种子植物集中于每年的7～8月开花，这为以花蜜及花粉作为补充营养的昆虫的繁殖交配提供了良好的生存场所及充沛的食物资源。不同种子植物的分布生境及物种生物学特性等存在显著性差异，植物开花时间、花期及其长短等均存在不同变化。分布范围较广的同一种种子植物，由于生长地海拔的差异，其花期也呈现不重叠现象。长白山种子植物显花时间分布如图1-1所示。

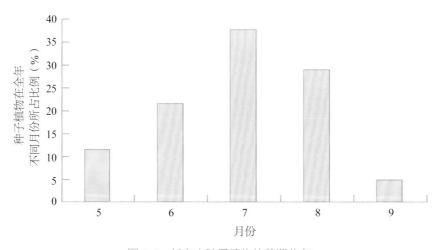

图 1-1   长白山种子植物的花期分布

长白山种子植物的花期主要分布在5～9月，绝大多数种子植物主要集中在6～8月开花，而尤以7月种子植物种类最多，占种子植物的70%～80%。随着海拔的升高，植物开花期也相应缩短。红松阔叶林带花期为5～9月，针叶林带花期为6～9月，而岳桦林带和苔原带花期为6～8月。

三、种子植物花粉简介

花粉（pollen）是种子植物的微小孢子堆，成熟的花粉为被子植物和裸子植物的雄性配子和简单的雄配子体结构，花粉在生殖过程中携带遗传信息参与受精，从而将遗传信息传递给后代。花粉由雄蕊中的花药产生，通过各种方法到达雌蕊，使胚珠授粉。

大多数花粉成熟时分散，成为单花粉。但也有两粒以上花粉黏合在一起的，称为复合花粉。用肉眼观察，花粉主要为黄色或奶油色粉末物质。不同植物的花粉外观相似，但实际上各类植物的花粉形状大小，对称性和极性，萌发孔的数目、结构和位置，壁的结构，以及表面雕纹等常具有显著差异。随着电子显微镜的出现，人们观察到花粉壁的精细结构，显示出每个物种花粉都有其特有的壁面图案。

花粉类型：Erdtman于1945年对花粉组合及构成方式进行命名：花粉在成熟期呈现单粒状态即单花粉（monad）；相反，两粒或更多的花粉黏合在一起称为复合花粉（polyad）（Erdtman，1945）。根据所结合花粉的多少，复合花粉又可被分为二合花粉（dyad）、三合花粉（triad）、四合花粉（tetrad）、六合花粉（hexad）、十六合花粉和三十二合花粉及由许多花粉结合在一起形成的花粉块（pollinium）。常见四合花粉其排列方式有多种，分别为正四面体形四合花粉（tetrahedral tetrad）、十字形四合花粉（cross tetrad）、正方形四合花粉（square tetrad）、菱形四合花粉（rhomboidal tetrad）和线形四合花粉（linear tetrad）。

花粉形态特征见图1-2。

花粉极性：花粉形成过程中，母细胞经减数分裂形成四分体，四分体的中心点为花粉近极点，而靠近花粉近极点的一端被定为近极（proximal pole）；相反，背向近极点的另一端则被定为远极（distal pole）。而由近极点为起点，并通过每一个花粉的中心点向外延伸到外层所形成的交叉点被称为远极点。近极点至远极点之间的连线为极轴（polar axis）。通过花粉中心并与极轴垂直的线被称为赤道轴（equatorial axis）。赤道轴所在的平面被称为赤道面（equatorial plane）。自然界中大多数花粉显现极性，包括等极（isopolar）、亚等极（subisopolar）和异极（heteropolar）三种。同时，花粉具有对称性，分为两侧对称（bisymmetry）和辐射对称（radial symmetry）。

花粉形状：根据Erdtman（1969）对花粉形态特征的描述及花粉极轴长度与赤道轴长度比值，花粉外部形态特征可被划分为：超长球形（＞2 μm）、长球形

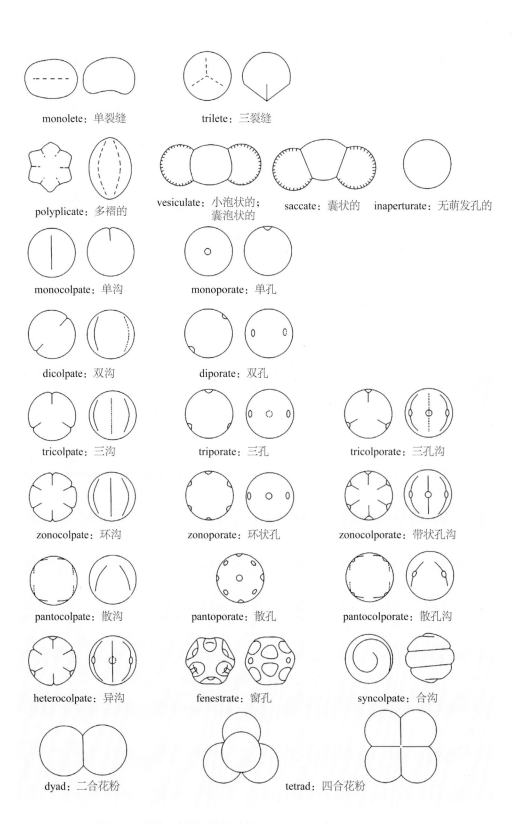

图 1-2　花粉形态特征简图（仿 Lang，1994）

（1.33～2 μm）、近长球形（1.14～1.33 μm）、圆球形（0.88～1.14 μm）、近扁球形（0.75～0.88 μm）、扁球形（0.50～0.75 μm）和超扁球形（<0.50 μm）；Erdtman（1971）和Perez De Paz（1980）进一步分别从极面观和赤道面观将花粉形状划分出16种和12种类型。根据极面观可将花粉分为圆形、近圆形、三裂圆形、多裂圆形、三角形、近三角形、圆三角形、钝三角形、四边形、钝四边形及多边形等10多种。而根据赤道面的投影轮廓，则可将花粉分为圆形、宽（或窄）椭圆形、船形、肾形等。

花粉尺寸：在自然界中，大多数花粉的尺寸均值在25～50 μm。而在不同科植物花粉颗粒中单一组成花粉大小不尽相同，尺寸差异较大。同时，不同植物花粉存在不同程度的复合体类型，使得花粉颗粒在花粉尺寸上组成更为丰富。具体可分为：花粉微小（<10 μm）、花粉比较小（10～25 μm）、花粉中等（26～50 μm）、花粉较大（51～100 μm）、花粉很大（101～200 μm）和花粉巨大（>200 μm）。

花粉特征：Walker（1974）将花粉纹饰划分为以下12种类型：光滑无任何纹饰（psilate）；穴孔状纹饰（foveolate）或纹孔状纹饰（pitted）；座、槽、沟状纹饰（rosulate、sulcate、canaliculate）；粗糙状纹饰，具细突（小于1 μm）（scabrate with very fine projections less than 1μm）；疣状纹饰（verrucate）；棒状纹饰（baculate）；棍棒状纹饰（clavate）；具柄无芽的芽孢状纹饰（gemmate with sessile pila）；刺状纹饰（echinate）；皱波状纹饰（rugulate）；条纹状纹饰（striate、striatus），条纹延长，或多或少平行或交错排列在花粉表面；网状纹饰（reticulate）。

花粉基本构造特征见图1-3。

萌发孔：花粉鉴定中，花粉表面的其他花粉器官也是花粉特征鉴定的依据之一。萌发孔（germinal aperture）是一类典型的花粉器官，是花粉萌发时花粉管伸出的薄壁区。而花粉萌发孔的数量、位置、特征，是识别鉴定不同类型花粉的重要依据。在众多不同类型及特征的萌发孔中，其根据大小和形状可被分为长型和短型。长型为花粉沟（germinal furrow），花粉沟具有单沟、双沟、三沟、四沟、五沟、多沟及散沟等类型；短型为花粉孔。萌发孔按照其结构可被分为简单萌发孔（仅具有单一的长型萌发孔或孔状的短型花粉）和复合萌发孔（兼具长短萌发孔的花粉）。萌发孔按照其数量可被分为单孔、双孔、多孔、散孔等类型。根据萌发孔的表面结构，其可被进一步分为简单萌发孔（表面构造简单，无孔室，孔口处无变化），如蓼科部分植物（Wodehouse，1931）；复合萌发孔（具孔室，孔口复杂多变，孔道内部不规则），如牻牛儿苗科植物（Carrion et al.，1993）。

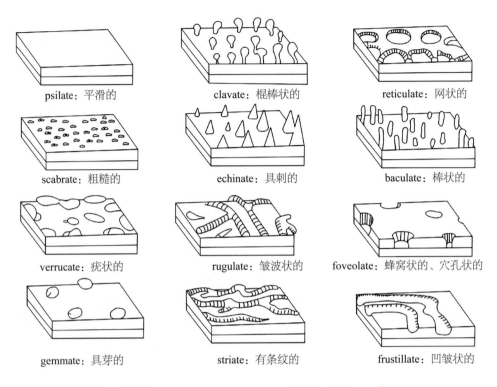

图 1-3　花粉结构特征示意图（仿 Moore et al., 1991）

四、种子植物花粉采集及扫描电镜样品制备方法

1. 花粉收集

从种子植物显花期开始，自低海拔向高海拔区域沿长白山海拔梯度变化进行种子植物调查，于采集地对种子植物花期形态特征进行拍摄，并采集种子植物花朵和花粉样品。选取不同种植物的花，采用便携式显微镜观察雄蕊花粉的成熟情况，对成熟花粉进行收集，或者将花朵摘下或剪下后放入硫酸纸制花粉袋内，记录采集时间、植物海拔分布位置、植物种类等信息。为保证储存过程中花粉的活力，花粉样品采集后存储于–80℃超低温冰箱内（Du et al., 2019；Visser，1955；Towil，2010）。

花粉观察用扫描电镜型号：Thermo Scientific™ Quattro™-Q250, UltraDry™ EDS（Thermo Fisher Scientific Co., Ltd.）。

2. 样品制备及扫描电镜观察

样品制备及扫描电镜观察采用Faegri和Iversen（1989）的方法：

（1）根据花朵花粉量及单花大小，采集5～10个整朵花，放入50 ml离心管内，加入少量冰醋酸。

（2）采用80～120目纱网将冰醋酸及花粉混合液过滤，并离心沉淀，除去上层浸泡液。

（3）向过滤液内加入醋酸酐+硫酸（二者比例为9∶1）混合液，于90℃水浴锅内加热。

（4）将步骤（3）的分解液冷却，离心去除上层液。加入蒸馏水进行离心沉淀，连续淋洗2～3次。此外，为防止花粉极度脱水而产生其他花粉或纹饰破裂，采用40%、50%、70%、85%、90%、95%不同浓度梯度的乙醇进行脱水离心沉淀处理。

（5）将步骤（4）中含有孢子的混合液采用40%、50%、70%、85%、90%、95%不同浓度乙醇溶液进行脱水处理后，用微型滴管吸取花粉颗粒置于扫描电镜样品台上，若花粉量不足可进行二次滴入，能够延展平铺即可。待乙醇完全挥发干燥后，进行喷金处理即电子镀膜，于扫描电镜下观察。

（6）电镜下，抓取花粉不同部位微观形态进行拍摄，对花粉外部整体轮廓、花粉表面纹饰、花粉外长物、花粉极轴和极点进行记录拍摄。根据花粉颗粒大小将外部形态特征放大1000～3000倍进行观察，将表面微观特征、纹饰等放大5000～10 000倍进行观察。

注意事项：醋酸酐分解法处理的花粉与自然条件下未处理的花粉经电镀后花粉形状及大小差异较大，处理后的花粉极轴较短，赤道轴较长，花粉颗粒较宽大；未处理的花粉极轴较长，赤道轴较短，花粉颗粒较狭长。

五、访花昆虫收集、昆虫体壁花粉样品制备及扫描电镜观察

1. 访花昆虫采集方法

采用网捕法捕捉访花昆虫，捕捉前拍摄昆虫访花生态照片，并记录植物种

类、昆虫种类、采集时间、海拔、林型及其他植被组成等信息。为防止昆虫体壁花粉掉落丢失，将捕捉的昆虫按照体躯大小装入型号不同的离心管临时储存，并用CO_2熏蒸致死。采用针插法制作昆虫标本，为防止花粉脱落，不进行展翅及整姿处理，并将标本置于–80℃冰箱内存储。

2. 昆虫样品的扫描电镜观察

将冷冻储存后的虫体在室温下解冻，待体壁水分挥发干燥后，进行真空干燥，最后进行喷金处理。由于动物体体壁多孔隙，喷金不足会造成导电性较差，致使观察效果差。因此，对昆虫虫体喷金的时间要求较严格，根据虫体大小及体壁携带花粉量，一般喷金时间控制在60～90 s。

镜下观察并记录虫体表面不同部位携带花粉的种类，对头、胸部及足背面和腹面花粉携带情况进行观察，根据花粉大小将整体形态放大1000～3000倍进行观察，将表面微观特征、纹饰、纹理等放大5000～10 000倍进行观察。对于与植物花粉形态特征一致的虫体所携带的花粉，采用同等放大倍数进行观察并拍照记录、比较。

六、本书内容对其他学科或研究的重要意义

花粉形态是由基因控制的，受外界环境条件的影响小，具有稳定性、保守性和可靠性。对特定的植物花粉形态和结构特征的描述有助于植物各等级分类群的划分（王伏雄，1995）及分散花粉（沉积物中分散花粉）的鉴定。

裸子植物和少量被子植物花粉为风媒花粉，一般花粉粒小、质轻、量多，借助风力传播。而大多数种子植物的花粉属虫媒花粉，以昆虫作为媒介传播，虫媒花一般花粉粒人、质重，花粉量相对少。在长期的进化过程中，虫媒花和传粉昆虫协同进化，互惠共生。虫媒花通过花粉和花蜜等吸引昆虫访问，昆虫在访问过程中携带了花粉，为同种植物间花粉的传递提供了传粉服务。全球超过35万种种子植物中，90%依赖昆虫传粉产生种子，可见传粉昆虫在生物多样性保护过程中发挥着关键作用。

在自然界中，极少存在专化性的植物-传粉昆虫相互关系，绝大多数昆虫属于泛化的传粉昆虫，其可为多种植物提供传粉服务。为了评价区域传粉昆虫的传粉

服务，准确掌握区域植物-传粉昆虫网络结构及时间动态是关键。仅依赖观察昆虫访问植物频度的方法，显然会低估或遗漏昆虫-植物间的访问关系及昆虫对植物的访问频度，而观察的同时对昆虫体壁携带花粉的种类与数量进行计数，显然可弥补观察昆虫访问植物频度方法的缺陷，更好地揭示昆虫-植物间的访问关系。但由于普遍缺乏区域常见种子植物花粉显微图谱或花粉高通量测序数据，使得在实践中通过该方法准确鉴定昆虫体壁携带的花粉存在困难。

本书对长白山314种（含种下等级）常见种子植物形态特征和对应花粉形态特征进行了描述，种子植物拉丁名的界定参照中国科学院植物研究所中国植物图像库（Plant Photo Bank of China，PPBC）、中国科学院植物科学数据中心（Plant Science Data Center）、中国自然标本馆（Chinese Field Herbarium）。其中花粉形态特征按照Perez De Paz（1980）和Punt等（2007）采用的花粉形态特征术语进行描述。

本书对该区域沉积物中分散花粉的鉴定，以及与孢粉学相关的古气候、古生态和古植被研究具有重要的参考价值，并对长白山传粉昆虫-植物相互关系研究中传粉昆虫体壁携带花粉种类的鉴定、传粉昆虫在生态系统中的作用的评价具有重要意义。

随着分子生物学方法的发展，昆虫体壁携带的花粉也可通过高通量测序方法进行鉴定，进而确定传粉昆虫与种子植物之间的联系（Macgregor et al.，2019）。但该方法的局限性在于昆虫对特定植物的访问频度（通过昆虫体壁携带花粉的数量估算昆虫对植物的访问频度）难以估算和比较，且也需要区域种子植物高通量测序数据的支持。对昆虫体壁携带种子植物花粉种类的鉴定和携带花粉数量的计数，有助于构建区域传粉昆虫-种子植物相互关系网络结构和定量分析（Attique et al.，2022）。

第二章
种子植物花粉的形态特征

1　**顶冰花属**　洼瓣花 *Gagea serotina* (L.) Ker Gawl.

- **分布区域**　长白山海拔2200～2400 m的苔原带。与高山薹草、红景天及其他苔原带植被混生于山坡、灌丛中或草地上。花期8月。

- **花粉特征**　花粉极面观椭圆形，两极圆形。极轴长54.3 (52～55) μm，赤道轴长42.1 (40～43) μm。赤道面观船形或长椭圆形。花粉表面为网状纹饰，网脊粗糙，网孔较大且形状不规则。

Mag 3000×　20μm

Mag 3000×　20μm

Mag 10000×　5μm

2 顶冰花属　三花顶冰花

Gagea triflora (Ledeb.) Roem. & Schult.

- **分布区域**　长白山海拔800 m以下区域。喜生长在山坡、灌丛下或河边、沼泽等处。花期5～6月。
- **花粉特征**　花粉长球形，两极圆形。极轴长56.3 (55～59) µm，赤道轴长36.3 (35～38) µm。赤道面观船形或长椭圆形。具一深沟，自赤道至两极逐渐变窄。花粉表面为网状纹饰，网脊粗糙，网孔较大且形状不规则。

3　百合属　毛百合 *Lilium dauricum* Ker Gawl.

- **分布区域**　长白山海拔400～1500 m处。生长在山坡灌丛间、疏林下、路边及湿润的草甸。花期6～7月。

- **花粉特征**　花粉长球形，两极尖。极轴长98.6 (96～103) μm，赤道轴长35.4 (33～38) μm。赤道面观船形或长椭圆形。具单一远极沟（槽），沟较窄，沟内凹凸不平。网孔特别大，网壁呈念珠状脊。

4　**百合属**　东北百合 *Lilium distichum* Nakai ex Kamibayashi

- **分布区域**　长白山海拔600~1600 m处。生长在阔叶混交林、红松阔叶林下阳坡草地和林下湿地。花期6~7月。
- **花粉特征**　花粉极面观椭圆形，两极圆形。极轴长36.1 (35~38) μm，赤道轴长23.2 (21~25) μm。具单一远极槽，槽一面向下凹陷，明显低于另一面。花粉纹饰为不规则条纹，交错分布。

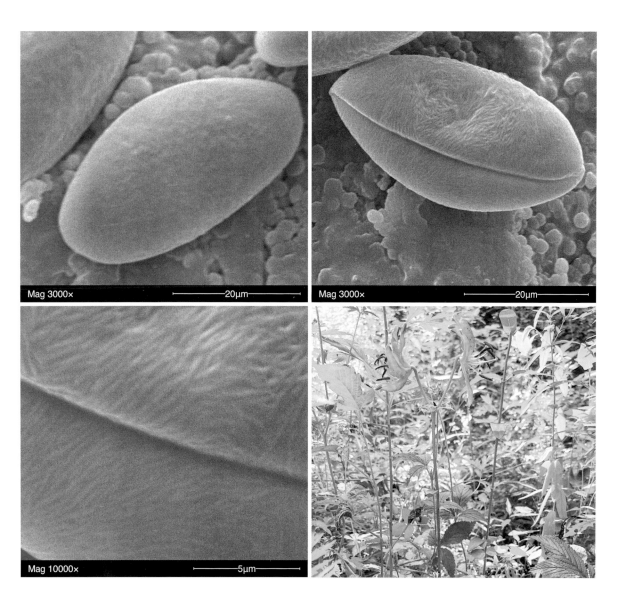

5 重楼属 北重楼 *Paris verticillata* M. Bieb.

- **分布区域** 长白山海拔1200～1600 m处。生长在林下、草丛、阴湿地及水流区域的沟边。花期6月。
- **花粉特征** 花粉极面观近椭圆形，两极尖。极轴长45.2 (40～46) μm，赤道轴长22.7 (20～25) μm。赤道面观船形，另一赤道面观长椭圆形。具有单一远极沟（槽），沟较窄，沟内开口较大，有明显突起。花粉表面具细网状纹饰，网眼较小。

1　**葱属**　山韭 *Allium senescens* L.

- **分布区域**　长白山海拔600～1800 m处。生长在长白山草甸、山坡或林下。花期7～8月。
- **花粉特征**　花粉长球形，两极圆形。极轴长31.4 (30～33) μm，赤道轴长14.9 (14～16) μm。赤道面观船形或长椭圆形，具一深沟。花粉表面分布不规则条纹，纵横交错分布于花粉上。

石
蒜
科

Amaryllidaceae

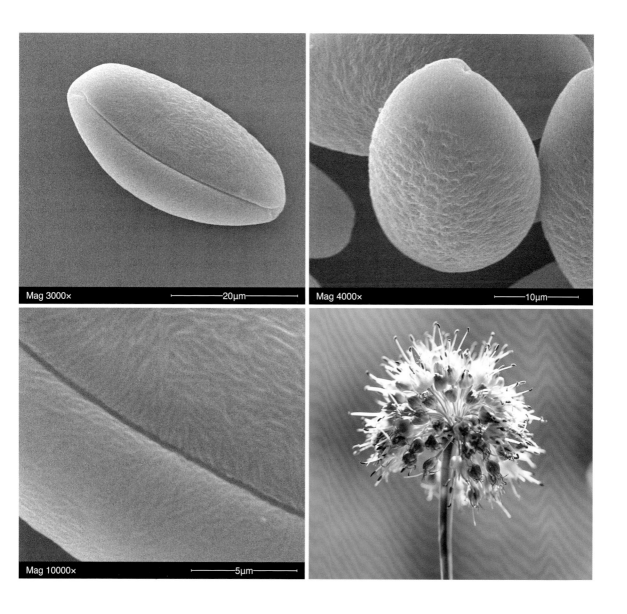

Mag 3000×　　　20μm

Mag 4000×　　　10μm

Mag 10000×　　　5μm

2 葱属 硬皮葱 *Allium ledebourianum* Roem. & Schult.

- **分布区域** 长白山海拔600～1800 m处。生长在长白山草甸、山坡或林下。花期7～8月。
- **花粉特征** 花粉长球形，两极圆形。极轴长38.9 (37～42) μm，赤道轴长14.1 (13～17) μm。赤道面观船形或长椭圆形，具一深沟。花粉表面具网状纹饰，表面具大小不一的穴孔。

Mag 3000×　　⊢5μm⊣　　Mag 5500×　　⊢2μm⊣　　Mag 10000×　　⊢1μm⊣

1 **藜芦属** 尖被藜芦 *Veratrum oxysepalum* Turcz.

- **分布区域**　长白山海拔1900～2000 m处。生长在林下、草丛、阴湿地。花期7月。
- **花粉特征**　花粉极面观椭圆形，两极尖。极轴长52.8 (50～58) μm，赤道轴长14.3 (13～16) μm。赤道面观船形或长椭圆形。具单一远极沟，沟较窄。花粉表面具穴状至细网状纹饰，网孔内有极少萌发孔。

藜芦科

Melanthiaceae

Mag 3000×　　10μm

Mag 3000×　　10μm

Mag 10000×　　5μm

2 延龄草属 吉林延龄草
Trillium camschatcense Ker Gawl.

- 分布区域 长白山海拔500～1400 m处。生长在林下、草丛、林缘、河边、沟边等阴湿地。花期6月。
- 花粉特征 花粉球形至椭球形，形状不规则。直径42.7 (40～45) μm。花粉表面粗糙，疣状突起纹饰遍布整个球面，球面具凹陷。

Mag 2500× ———————20μm

Mag 2592× ———————20μm

Mag 10000× ———————5μm

1 万寿竹属　宝珠草

Disporum viridescens (Maxim.) Nakai

- 分布区域　长白山海拔600～1000 m处。生长在半阴湿的洼地、草甸、水湿地等处。花期5～6月。
- 花粉特征　花粉长球形，极面观椭圆形。极轴长49.8 (49～52) μm，赤道轴长24.3 (23～26) μm。赤道面观船形，另一赤道面观长椭圆形。具一深沟。花粉表面为纵横交错网状纹饰，网孔大小不一，形状各异。

秋水仙科 Colchicaceae

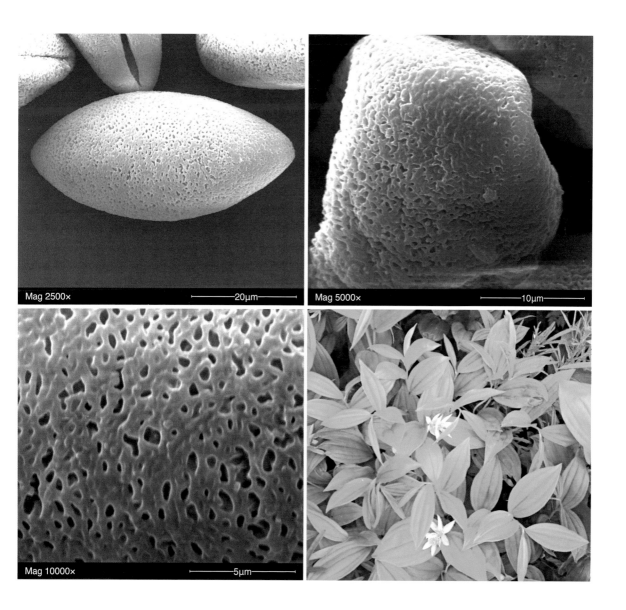

1 珍珠菜属　黄连花 *Lysimachia davurica* Ledeb.

- **分布区域**　长白山海拔600～1400 m处。生长在草甸、灌丛、林缘等光线较充足的区域。花期7～8月。
- **花粉特征**　花粉极面观三裂，球形。极轴长38.7 (37～41) μm，赤道轴长30.4 (29～33) μm。具三沟，沟较深。花粉表面中间大部分区域具不规则疣状突起，其他区域具浅穴凹陷，近极点处光滑。

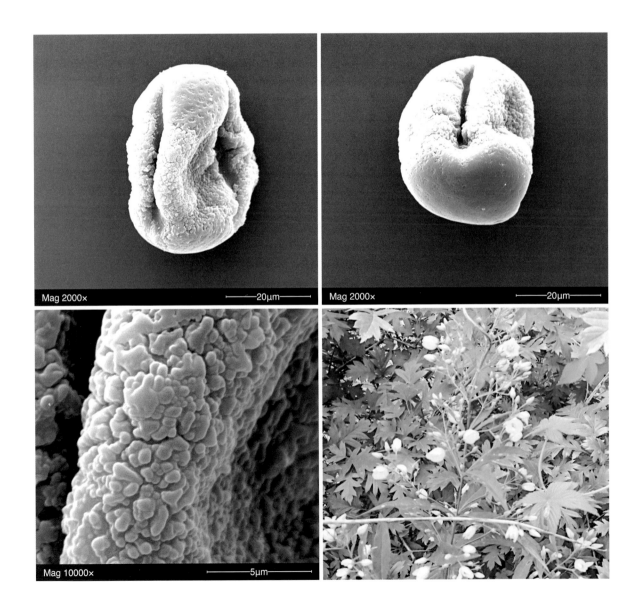

Mag 2000×　　20μm

Mag 2000×　　20μm

Mag 10000×　　5μm

2 珍珠菜属　狼尾花 *Lysimachia barystachys* Bunge

- **分布区域**　长白山海拔600～1600 m处。喜生长在草甸、山坡、路旁、林荫路边及灌丛间。花期7～8月。
- **花粉特征**　花粉极面观三裂，球形。极轴长24.3 (23～26) μm，赤道轴长16.7 (16～19) μm。具三沟，沟较深，内孔外突，沟长不达极点。花粉表面光滑，具浅穴状孔，极点表面光滑。

3 点地梅属 点地梅 *Androsace umbellata* (Lour.) Merr.

- **分布区域** 长白山海拔800 m以下的区域。常生长在山坡、草地、沟谷河滩、路边、林缘及疏林下向阳处。花期5月。

- **花粉特征** 花粉极面观三裂，球形。极轴长36.5 (35～38) μm，赤道轴长20.3 (19～22) μm。具三深沟，内孔外突，沟长不达极点。花粉表面粗糙，具大小不一的疣状突起。极点处特征与花粉其他区域相同。

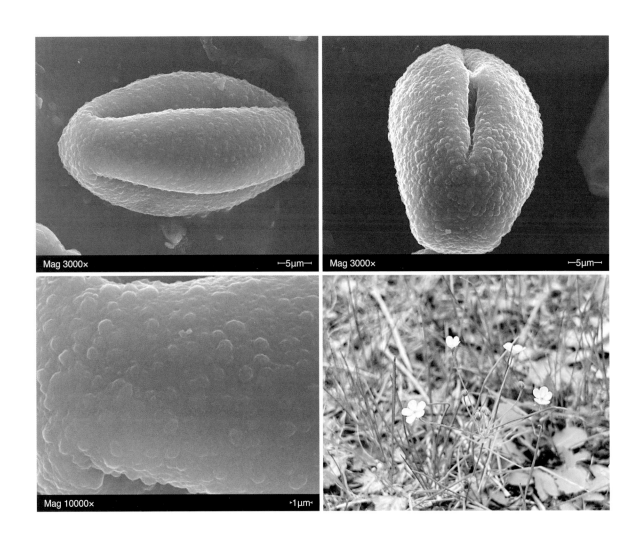

4 | 报春花属 | 櫻草 *Primula sieboldii* E. Morren

- **分布区域**　长白山海拔1000 m以下的区域。常生长在林下、林缘等水湿处。花期5月。
- **花粉特征**　花粉极面观椭圆形，赤道面观三角形。直径17.8 (16～21) μm。两球面各具三深沟，交会点处表面突出，沟长近达极点。花粉表面具网状纹饰，网孔圆形至不规则形状，大小不一。

唇形科 Lamiaceae

1 薄荷属 东北薄荷 *Mentha sachalinensis* (Briq.) Kudô

- **分布区域** 长白山海拔800~1100 m处。生长在河旁、湖旁、潮湿草地、溪流等靠近水源的区域。花期7~8月。
- **花粉特征** 花粉长球形，极面观三裂，圆形。极轴长29.3 (27~31) μm，赤道轴长18.5 (18~21) μm。具三沟，沟内两侧具较大疣状突起及小颗粒，沟长不达极点。花粉表面具微刺状突起。

2 薄荷属 留兰香 *Mentha spicata* L.

- **分布区域**　长白山海拔600～800 m处。为人工引种花卉，生长在河旁、湖旁、潮湿草地、溪流等靠近水源的区域。花期7～8月。

- **花粉特征**　花粉长球形，极面观六裂，椭圆形。极轴长44.7 (44～46) μm，赤道轴长28.4 (27～30) μm。具六沟，沟狭长，中间深，至两极逐渐变浅，沟长近达极点。花粉表面具网状纹饰，局部具穴状萌发孔。

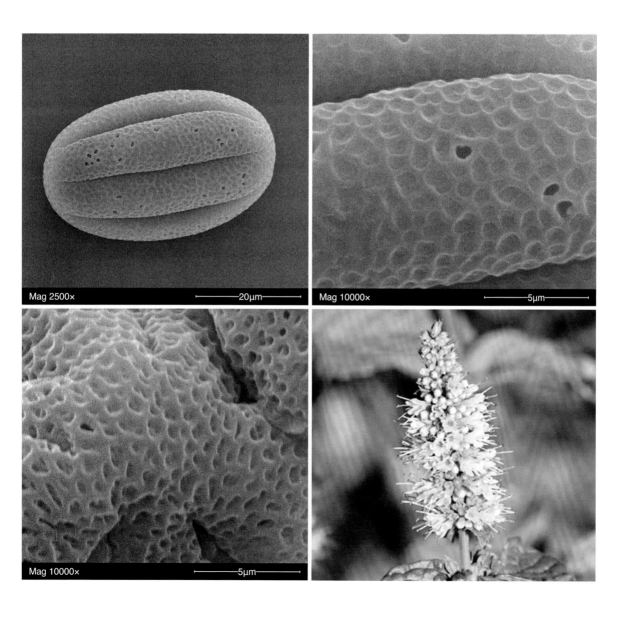

3 益母草属 细叶益母草 *Leonurus sibiricus* L.

- **分布区域** 长白山海拔600～1200 m处。生长在石质及沙质草地、针叶林、红松阔叶林内。花期7～8月。
- **花粉特征** 花粉长球形，极面观三裂，椭圆形。极轴长33.5 (32～35) μm，赤道轴长24.2 (23～26) μm。具三沟，沟窄且狭长，沟长近达极点。花粉表面具网状纹饰，网孔内具穴孔。

4 **益母草属** 益母草 *Leonurus japonicus* Houtt.

- **分布区域**　长白山海拔600～1400 m处。生长在石质及沙质草地、阔叶林、红松阔叶林内。花期7～9月。

- **花粉特征**　花粉长球形，极面观三裂，椭圆形。极轴长34.5 (32～37) μm，赤道轴长17.9 (16～20) μm。具三沟，沟窄且狭长，沟长近达极点。花粉表面具网状纹饰，网孔内具深穴孔。

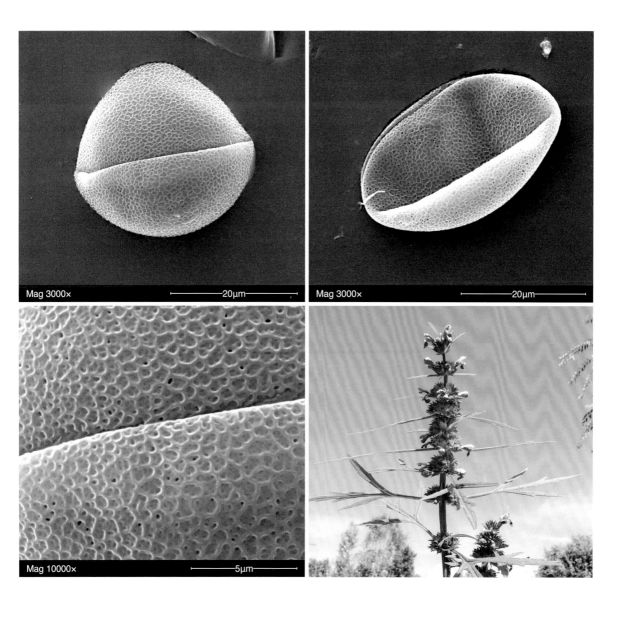

5 龙头草属 荨麻叶龙头草
Meehania urticifolia (Miq.) Makino

- **分布区域**　长白山海拔600～1800 m处。生长在林缘、疏林下、草地中、溪水边等阴湿处。花期6月。
- **花粉特征**　花粉椭圆形，极面观三裂，近圆形。极轴长22.4 (20～24) μm，赤道轴长17.9 (17～20) μm。具三沟，沟缝隙较大、较长，中部闭合，沟膜上具少量颗粒。花粉表面粗糙。

6 藿香属 藿香
Agastache rugosa (Fisch. & C. A. Mey.) Kuntze

- **分布区域** 长白山海拔600～1800 m处。生长在林缘、草甸、灌丛等阳光充足的区域。花期7～8月。
- **花粉特征** 花粉长椭圆形，极面观六裂，椭圆形。极轴长40.2 (39～43) μm，赤道轴长31.5 (30～34) μm。具六沟，沟狭长，中间深，至两极逐渐变浅，沟长近达极点。花粉表面具网状纹饰。

7 香茶菜属 尾叶香茶菜 *Isodon excisus* (Maxim.) Kudô

- **分布区域** 长白山海拔600～1800 m处。生长在山坡、潮湿谷地或林下等光线较暗的区域。花期7～8月。

- **花粉特征** 花粉极面观六裂，椭圆形。极轴长56.7 (54～59) μm，赤道轴长42.2 (40～44) μm。具六沟，沟极细。花粉表面近光滑，只有少量麻点状小穴。

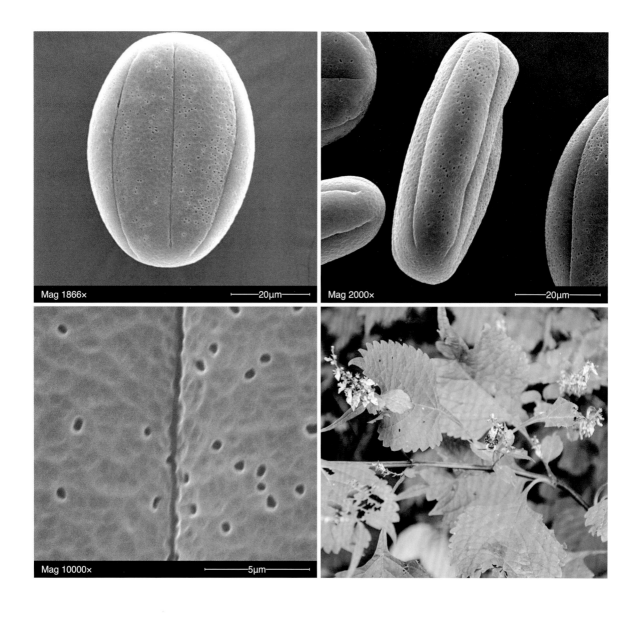

8 夏枯草属 山菠菜 *Prunella asiatica* Nakai

- **分布区域**　长白山海拔600～1800 m处。生长在阔叶及针叶混交林或针叶林下苔藓等阴湿地。花期6～7月。
- **花粉特征**　花粉近球形至近扁球形，极面观六裂，圆形。极轴长61.3 (59～63) μm，赤道轴长58.2 (57～61) μm。具六沟，沟宽度均匀、适中，沟膜平滑。花粉表面具网状纹饰。

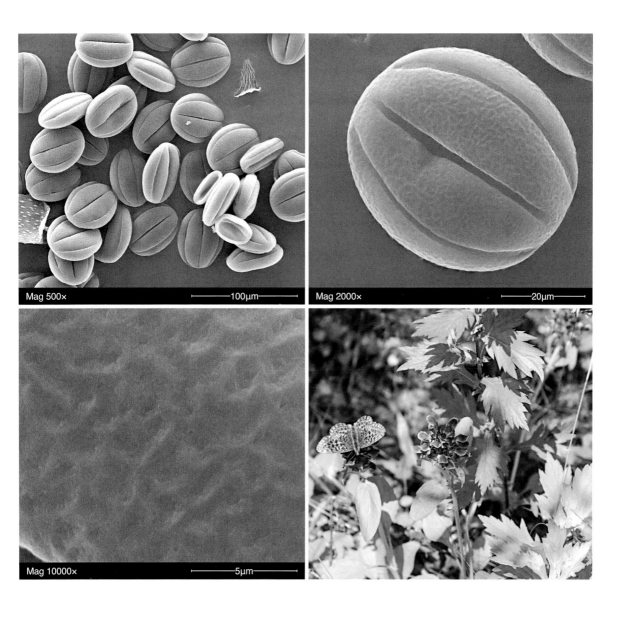

9 筋骨草属 多花筋骨草 *Ajuga multiflora* Bunge

- 分布区域　长白山海拔600～1800 m处。生长在林下开阔的山坡草地、疏林地、河边草地及灌丛中。花期6月。

- 花粉特征　花粉极面观三裂，长球形。极轴长38.3 (36～39) μm，赤道轴长20.6 (18～22) μm。具三沟，沟较窄。花粉表面具光滑网状纹饰，网眼中等，形状多变，网眼内不可见萌发孔，极点表面光滑。

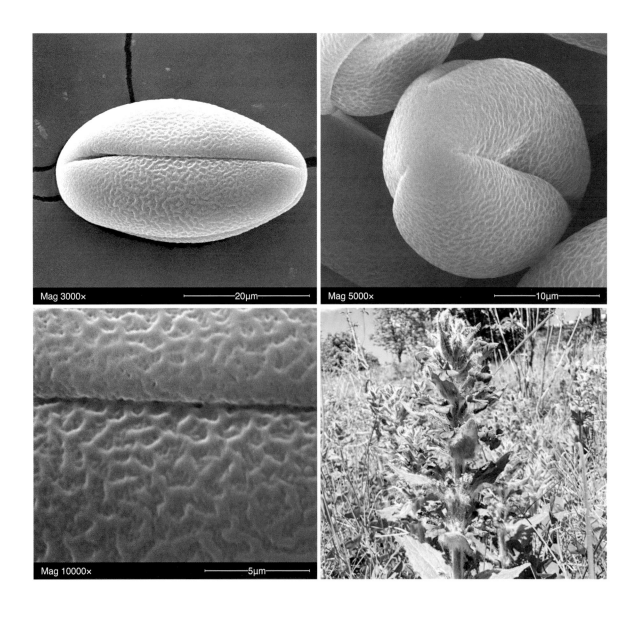

10 野芝麻属 野芝麻 *Lamium barbatum* Sieb. & Zucc.

- **分布区域** 长白山海拔800～1200 m处。生长在山坡、路旁、沟边、沟谷内等处。花期6～7月。
- **花粉特征** 花粉长球形，极面观三裂，圆形。极轴长31.7 (29～33) μm，赤道轴长20.7 (19～23) μm。具三深沟，沟窄且狭长，沟长达极点。花粉表面粗糙，具小疣状突起。

11　**鼬瓣花属**　鼬瓣花　*Galeopsis bifida* Boenn.

- **分布区域**　长白山海拔600～1500 m处。生长在林缘、路旁、灌丛或草地等空旷地。花期8月。
- **花粉特征**　花粉长球形，极面观三裂，椭圆形。极轴长48.1 (47～50) μm，赤道轴长30.9 (30～33) μm。具三沟，沟窄且狭长，沟长近达极点。花粉表面具网状纹饰，网孔内具小穴状纹饰，极点表面近光滑，无穴孔。

12 水苏属 华水苏 *Stachys chinensis* Bunge ex Benth.

- **分布区域** 长白山海拔600～1000 m处。生长在林缘、路旁、水沟旁、湿草地及沙地上。花期6～7月。

- **花粉特征** 花粉长球形，极面观三裂，椭圆形。极轴长37.7 (37～39) μm，赤道轴长18.6 (17～20) μm。具三深沟，沟窄且狭长，沟长近达极点。花粉表面具网状纹饰，无小穴状纹饰。

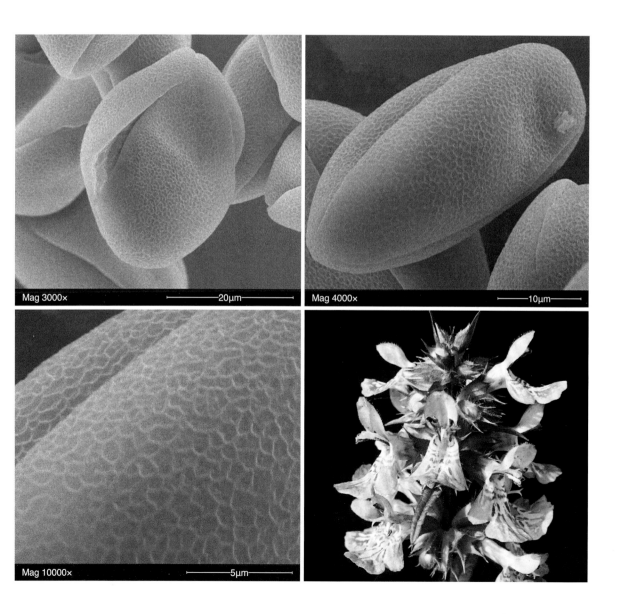

Mag 3000×　20μm

Mag 4000×　10μm

Mag 10000×　5μm

13 紫苏属 紫苏 *Perilla frutescens* (L.) Britton

- 分布区域　长白山海拔600～1200 m处。生长在阔叶及针叶混交林等温暖向阳、湿润的环境。花期8～9月。
- 花粉特征　花粉近球形至近扁球形，极面观六裂，圆形。极轴长61.7 (58～64) μm，赤道轴长50.7 (48～54) μm。具六沟，由两极至近赤道渐宽，沟内具凹凸不平的疣状突起。花粉表面具网状纹饰，表面具穴孔。

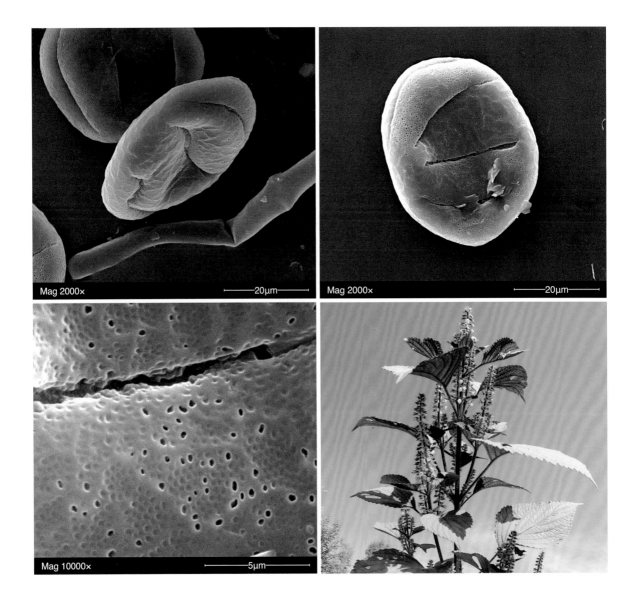

1 **白饭树属** 一叶萩 *Flueggea suffruticosa* (Pall.) Baill.

- **分布区域** 长白山海拔800～1500 m处。生长在林下河沟边、灌丛中。花期7月。
- **花粉特征** 花粉近长球形，极面观三裂，近圆形。极轴长30.5 (28～32) µm，赤道轴长18.6 (17～21) µm。具三沟，沟细长，沟膜上有少量颗粒。花粉表面纹饰为交错条纹，条纹较粗，呈不规则交错排列。

大戟科 Euphorbiaceae

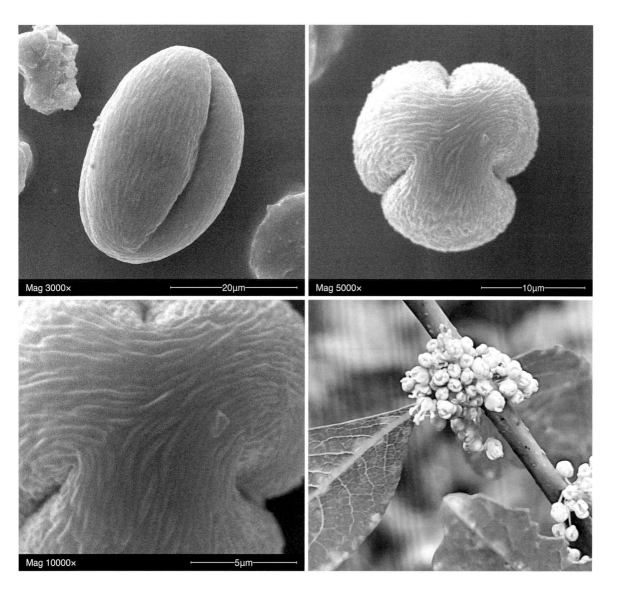

1 **野豌豆属** 北野豌豆 *Vicia ramuliflora* (Maxim.) Ohwi

- **分布区域** 长白山海拔800～1400 m处。生长在长白山高山花园、高山草甸、灌丛等空旷地。花期7～8月。

- **花粉特征** 花粉极面观三裂，近圆形。极轴长62.2 (61～64) μm，赤道轴长24.7 (21～26) μm。具三沟，沟宽不均匀。花粉表面具皱波状至皱网状纹饰，极面近光滑。

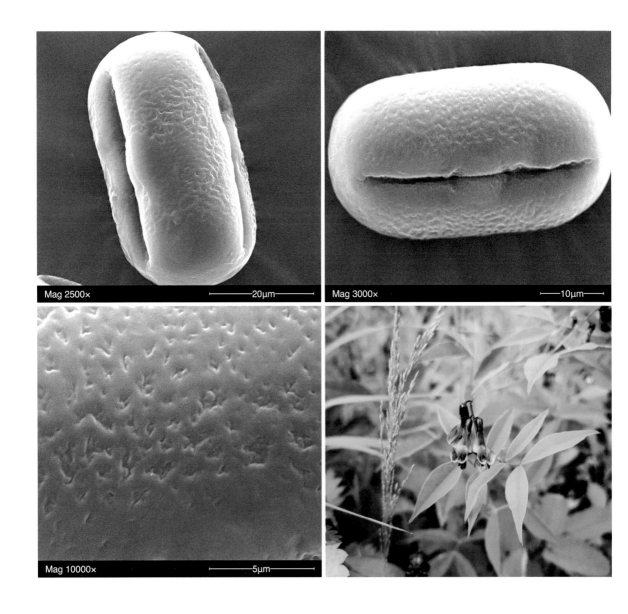

2 野豌豆属　广布野豌豆 *Vicia cracca* L.

- **分布区域**　长白山海拔600～1600 m处。生长在草甸、山坡、河滩草地、灌丛及林缘。花期7～8月。
- **花粉特征**　花粉长球形，极面观三裂，圆三角形。极轴长35.7 (35～37) μm，赤道轴长22.6 (21～24) μm。具三浅沟，沟长不达极点，内孔外突，呈乳状。花粉表面粗糙，凹凸不平。

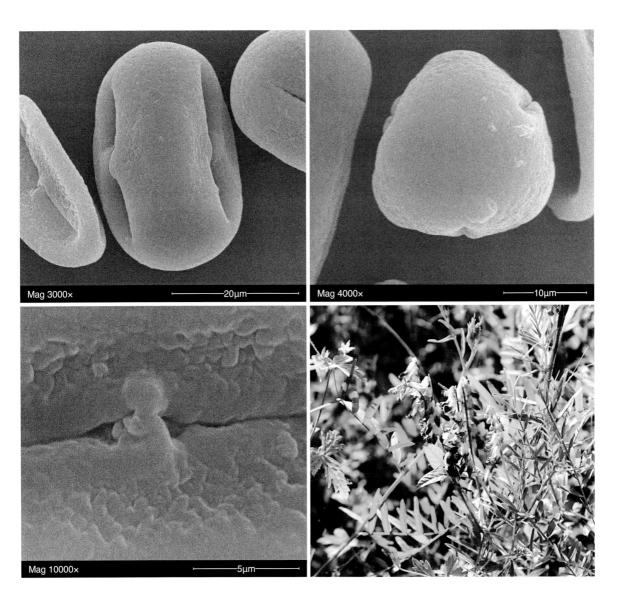

③ 野豌豆属 胡枝子 *Lespedeza bicolor* Turcz.

- **分布区域** 长白山海拔600～1000 m处。生长在阔叶红松林，山坡、林缘、路旁及灌丛等处。花期8月。

- **花粉特征** 花粉长球形，极面观三裂，圆三角形。极轴长25.7 (25～27) μm，赤道轴长10.7 (10～12) μm。具三浅沟，沟长不达极点，内孔外突。花粉表面具网状纹饰，网脊较粗，网孔大小接近一致。

4　黄芪属　达乌里黄芪 *Astragalus dahuricus* (Pall.) DC.

- **分布区域**　长白山海拔600～1600 m处。生长在山坡、河岸、路旁、草地及林缘。花期7～8月。
- **花粉特征**　花粉长球形，极面观三裂，圆形。极轴长22.7 (22～25) μm，赤道轴长11.9 (11～14) μm。具三浅沟，沟长不达极点。花粉表面具大小不一的浅穴状纹饰。

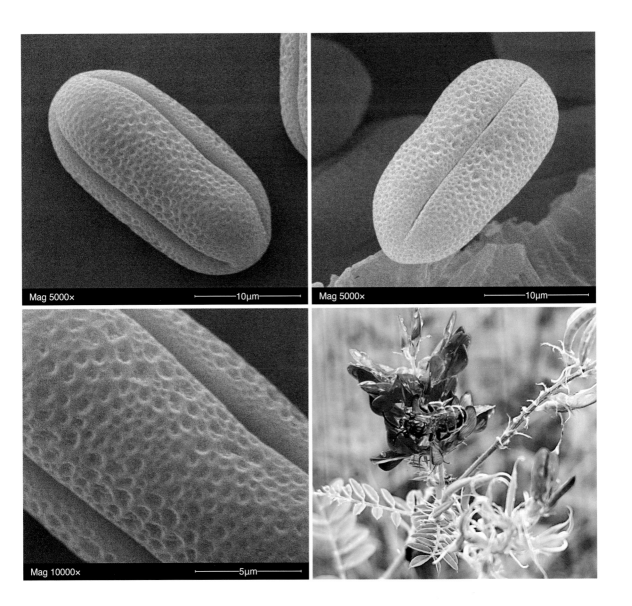

Mag 5000×　　　　　10μm

Mag 5000×　　　　　10μm

Mag 10000×　　　　　5μm

5 黄芪属 蒙古黄芪 *Astragalus membranaceus* (Fisch.) Bunge

- **分布区域** 长白山海拔600～1400 m处。生长在草甸、林缘、山坡、草地、灌丛等向阳区。花期7月。
- **花粉特征** 花粉长球形，极面观三裂，圆形。极轴长26.3 (25～28) μm，赤道轴长12.2 (11～14) μm。具三深沟，沟长近达极点。花粉表面具穴状纹饰，网孔内具疣状突起，凹凸不平。

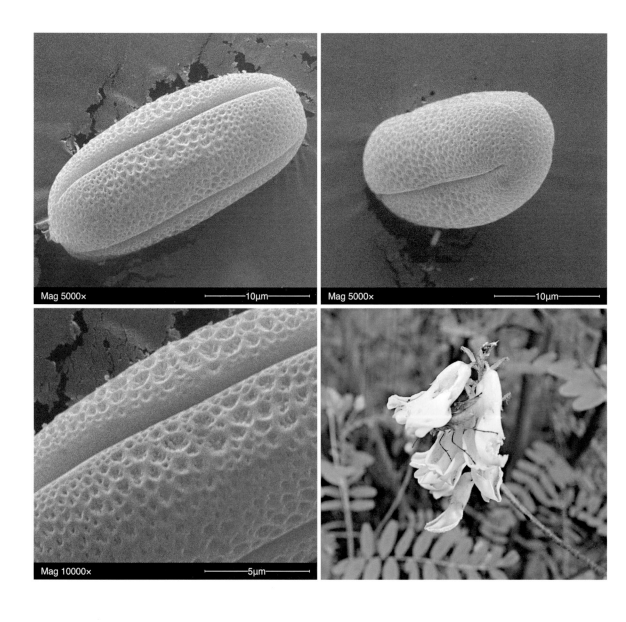

6 车轴草属 白车轴草 *Trifolium repens* L.

- **分布区域** 长白山海拔600～800 m处。生长在山坡、河岸、路旁、沙质草地及林缘。花期7～8月。
- **花粉特征** 花粉长球形，极面观三裂，圆形。极轴长35.2 (32～37) μm，赤道轴长18.5 (17～20) μm。具三沟。花粉表面具稀疏浅穴状纹饰，近两极区域表面渐光滑。

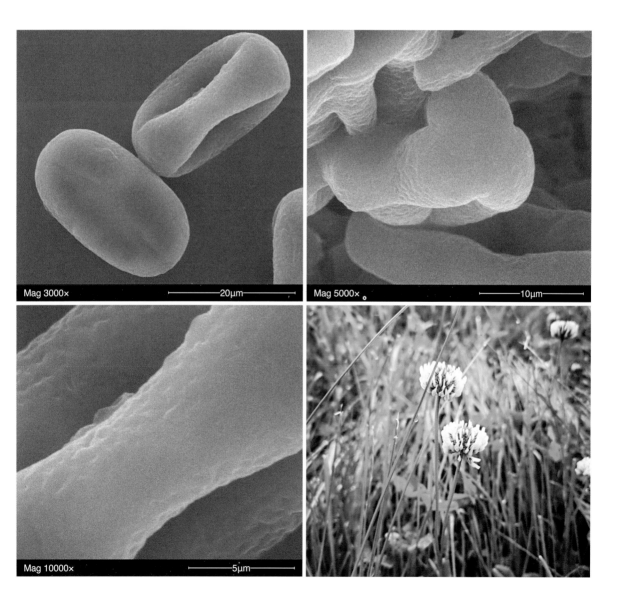

7 车轴草属 野火球 *Trifolium lupinaster* L.

- **分布区域** 长白山海拔600～1400 m处。生长在山坡、沟谷、草地、灌丛及林缘较湿润的区域。花期7月。
- **花粉特征** 花粉长球形，极面观三裂，圆三角形。极轴长26.8 (26～28) μm，赤道轴长20.3 (19～22) μm。具三深沟，沟长不达极点，沟内两侧具疣状突起。花粉表面粗糙具微刺。

Mag 4000×   10μm

Mag 10000×   5μm

8 紫穗槐属 紫穗槐 *Amorpha fruticosa* L.

- 分布区域　长白山海拔600～1200 m处。生长在林缘、高山草甸、灌丛等光线充足的地区。花期7～8月。
- 花粉特征　花粉极面观三裂，长球形。极轴长31.8 (30～33) μm，赤道轴长15.2 (14～16) μm。具三沟，沟较窄。花粉表面具不规则网状纹饰，网眼中等大小，网眼内能看到萌发孔，网纹延伸至极点。

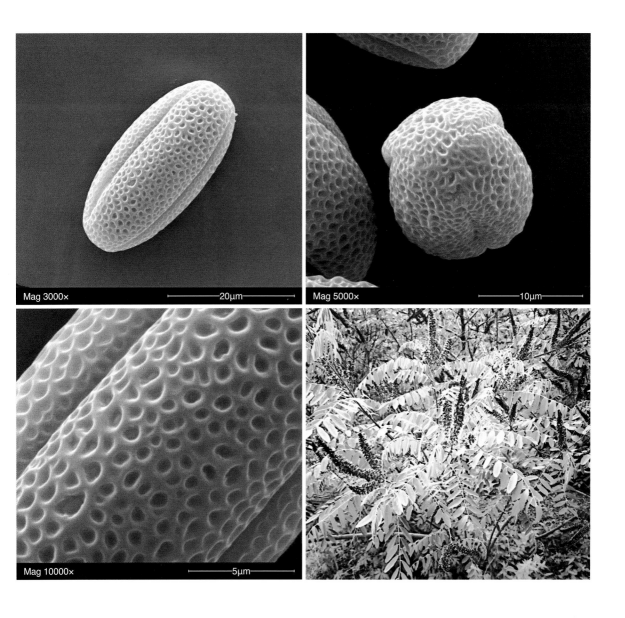

9　棘豆属　长白棘豆 *Oxytropis anertii* Nakai ex Kitag.

- **分布区域**　长白山海拔2100～2500 m处。生长在苔原带苔藓上，与其他地被植物薹草、洼瓣花等混生。花期8月。
- **花粉特征**　花粉极面观三裂，长球形。极轴长31.4 (30～33) μm，赤道轴长15.2 (14～17) μm。具三沟，沟长不达极点，沟中间具较大瘤状突起，两侧为疣状突起。花粉表面具浅穴状纹饰，极点表面光滑。

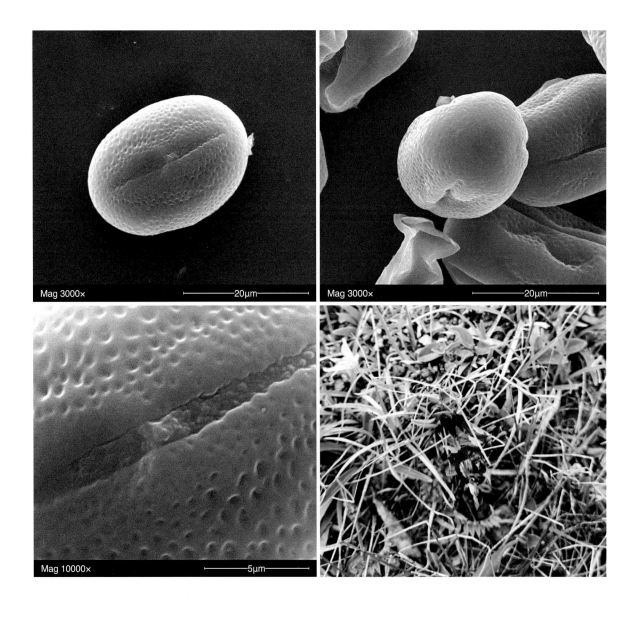

10　草木樨属　黄香草木樨 *Melilotus officinalis* Pall.

- **分布区域**　长白山海拔600~1200 m处。生长在山坡、河岸、路旁、沙质草地及林缘。花期7~8月。
- **花粉特征**　花粉极面观近三裂，圆形。极轴长23.6 (21~26) μm，赤道轴长17.4 (16~21) μm。具三沟，沟中间具较大瘤状突起。花粉表面具纹理较深的交叉条纹。

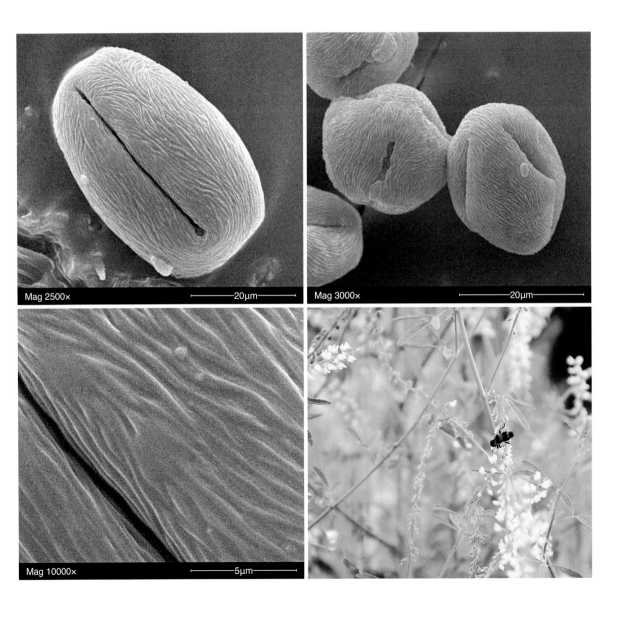

11 锦鸡儿属　树锦鸡儿 *Caragana arborescens* Lam.

- **分布区域**　长白山海拔600～1200 m处。生长在林间、林缘。花期7～8月。
- **花粉特征**　花粉近三棱柱状，极面观近等边三角形，边缘凹陷，三角边长 10.6 (9～12) μm，三棱柱长21.3 (20～22) μm。具三沟，沟膜光滑。花粉表面 具细网状纹饰，网脊较浅，网内膜光滑。

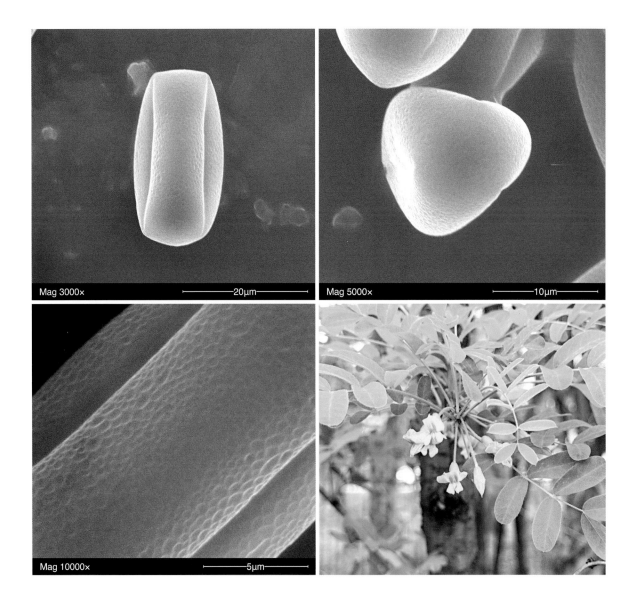

Mag 3000×　　　20μm

Mag 5000×　　　10μm

Mag 10000×　　　5μm

12 **刺槐属** 刺槐 *Robinia pseudoacacia* L.

- **分布区域**　长白山海拔600～1200 m处。生长在山坡、河岸、路旁、沙质草地及林缘。花期6～7月。
- **花粉特征**　花粉长球形，极面观三裂，圆形。极轴长47.1 (46～51) μm，赤道轴长34.6 (33～37) μm。具三沟，沟中部较窄，靠近两极开口较大。花粉表面具稀疏浅穴状纹饰。

13 槐属 槐 *Styphnolobium japonicum* (L.) Schott

- **分布区域**　长白山海拔600～800 m处。生长在山坡、路旁、草地及林缘。花期6～7月。
- **花粉特征**　花粉近球形，极面观三裂，圆形，直径长20.3 (18～22) μm。花粉三裂成三沟，沟较浅，沟内膜具细小颗粒。花粉表面具穴状纹饰。

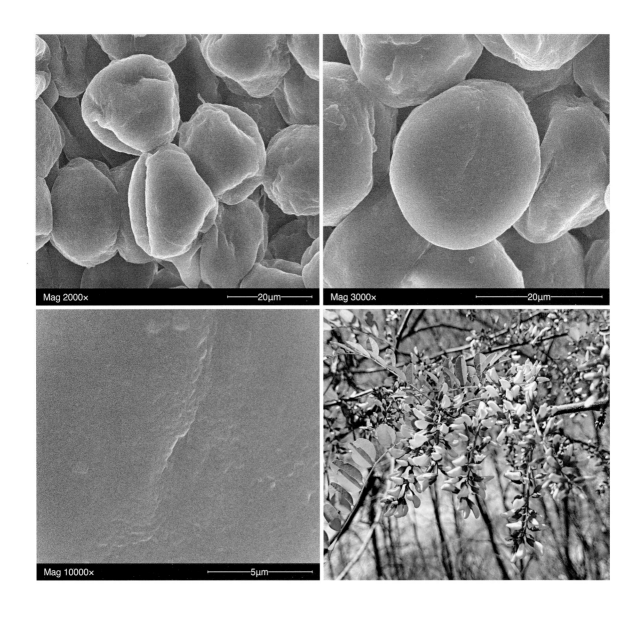

14 大豆属 山野豌豆 *Vicia amoena* Fisch. ex DC.

- **分布区域** 长白山海拔600～1600 m处。生长在草甸、山坡、河滩草地、灌丛及林缘。花期7月。

- **花粉特征** 花粉长球形,极面观三裂,圆形。极轴长35.7 (35～37) μm,赤道轴长22.6 (21～24) μm。具三深沟,沟短,不达极点。花粉表面粗糙,沿赤道轴两侧具弯曲粗条纹状纹饰,极点表面光滑。

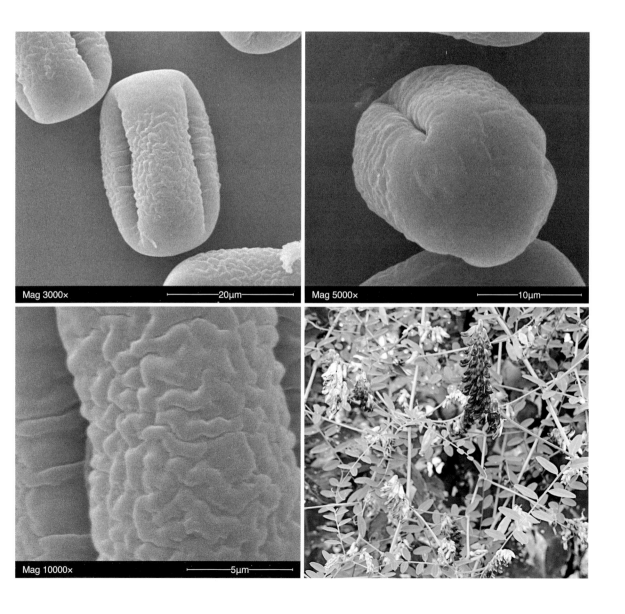

Mag 3000×   20μm

Mag 5000×   10μm

Mag 10000×   5μm

15 鸡眼草属　长萼鸡眼草
Kummerowia stipulacea (Maxim.) Makino

- 分布区域　长白山海拔600～1200m处。生长在草甸、林缘、山坡、草地、灌丛及路两侧。花期7～8月。

- 花粉特征　花粉长球形，极面观三裂，圆形。极轴长30.1 (29～33) μm，赤道轴长15.6 (15～18) μm。具三浅沟，自赤道至两极逐渐变浅，沟长不达极点。花粉表面具大小不一的浅穴状纹饰，穴孔内光滑无疣状突起。

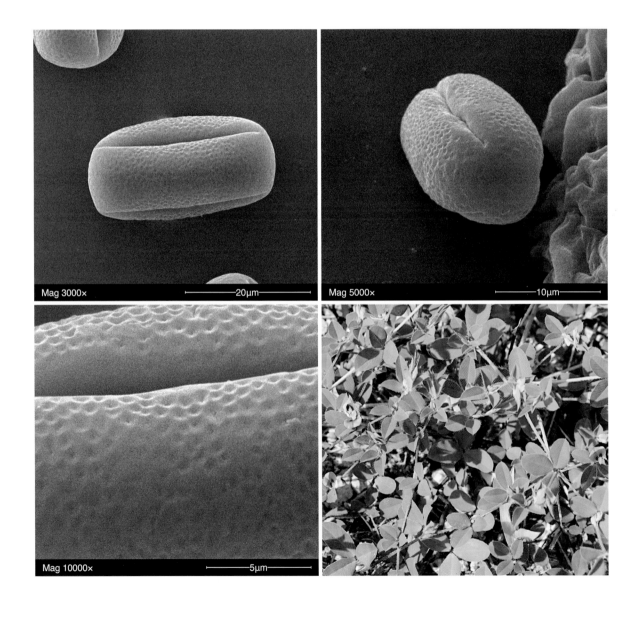

16 苜蓿属 苜蓿 *Medicago sativa* L.

- **分布区域**　长白山海拔600～800 m处。生长在山坡、草地、路旁、沟谷及河岸两侧。花期7～8月。
- **花粉特征**　花粉长球形，极面观三裂，圆形。极轴长33.9 (33～35) μm，赤道轴长21.3 (20～23) μm。具三深沟，沟长不达极点。花粉表面粗糙，凹凸不平。极点较钝。

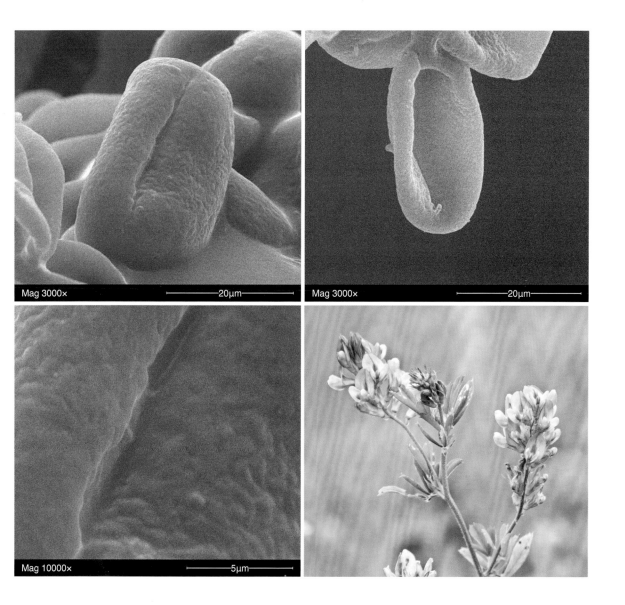

杜鹃花科 Ericaceae

1　杜鹃花属　牛皮杜鹃 *Rhododendron aureum* Franch.

- **分布区域**　长白山海拔2000～2600 m的苔原带。生长在高山草原、苔藓层上，为苔原带广布典型植物种。花期5～6月。
- **花粉特征**　花粉四合体，直径38.6 (35.6～42.6) μm，近四面体结构，每面有三个相同的凹陷，极面观三裂，三角形，花粉丝较多，明显。单花粉24.1 (23～25) μm，具三短孔沟，内孔不明显。花粉表面具凹凸不平的不规则纹饰，极点附近光滑。

2　杜鹃花属　兴安杜鹃 *Rhododendron dauricum* L.

- **分布区域**　长白山海拔2000～2600 m的苔原带。生长在草原、湿润岩石旁及天池边。花期7～8月。
- **花粉特征**　花粉四合体，直径56.3 (54～58) μm，近四面体结构，每面有三个相同的凹陷，极面观三裂，三角形，花粉丝较多。单花粉35.6 (34～37) μm，具三短孔沟，内孔外突。花粉表面具短线状纹理纹饰，呈不规则排列。

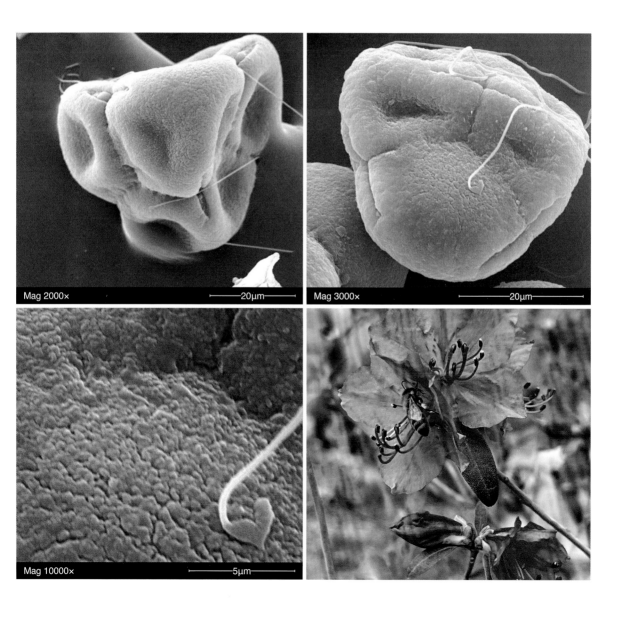

3 杜鹃花属 云间杜鹃
Rhododendron redowskianum (Maxim.) Hutch.

- 分布区域　长白山海拔2000～2600 m处。生长在苔原带草原、湿润岩石旁及天池边。花期7～8月。
- 花粉特征　花粉四合体，直径47.3 (45～49) μm，花粉沟长17.2 (16～19) μm，宽1.2 (1～2) μm。花粉表面粗糙，颗粒状突起纹饰明显，多花粉丝。

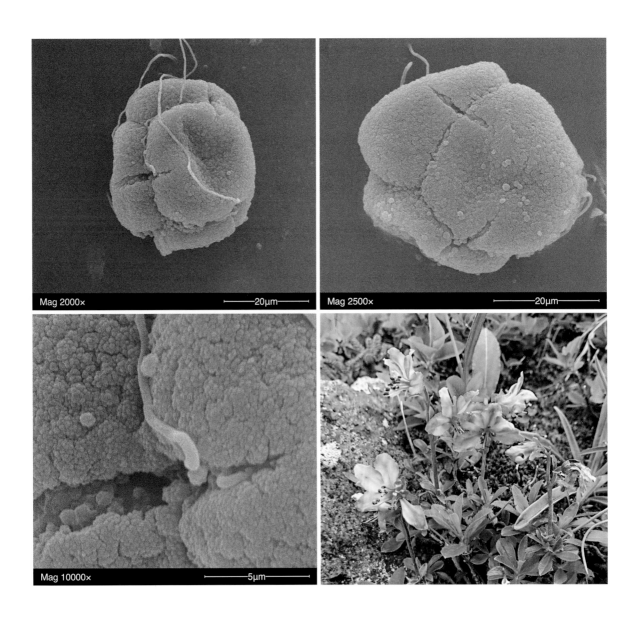

4 越橘属 笃斯越橘 *Vaccinium uliginosum* L.

- **分布区域** 长白山海拔900～2400 m处。生长在落叶松及其他针叶林下和林缘，常与其他灌木混生，在苔原带于岩石、砾石等处匍匐生长，喜水湿地、沼泽等生境。花期6月。
- **花粉特征** 花粉四合体，直径44.6 (43～47) μm，花粉沟长16.9 (15～19) μm，宽2.9 (2～4) μm。花粉表面密被疣状突起，颗粒大小相对均匀，花粉丝较多。

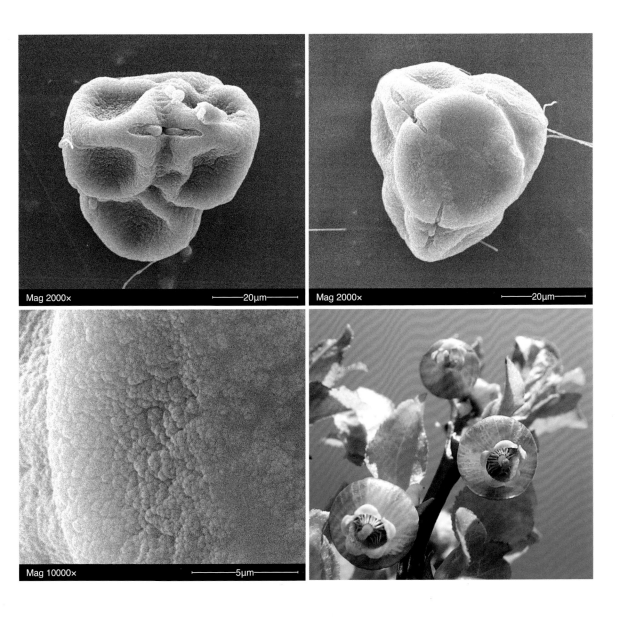

1 落新妇属 大落新妇 *Astilbe grandis* Stapf ex E. H. Wilson

- **分布区域**　长白山海拔600～1600 m处。生长在河边、湿地、沟谷、林缘、草甸及山地树林中的溪流旁。花期7～8月。

- **花粉特征**　花粉近橄榄形，极面观近圆形。极轴长16.2 (15～18) μm，赤道轴长9.4 (9～12) μm。具单一远极槽，沟较宽。花粉表面具不规则穴状纹饰，较粗糙。

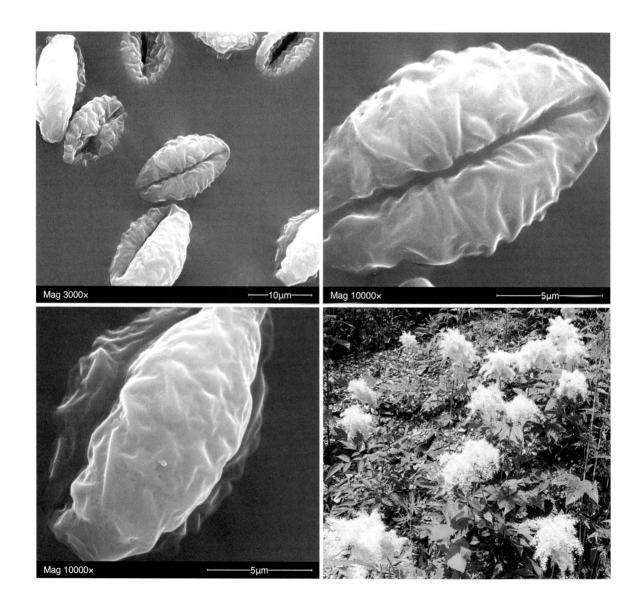

Mag 3000×　　　　　　　　10μm

Mag 10000×　　　　　　　　5μm

Mag 10000×　　　　　　　　5μm

2 落新妇属 落新妇

Astilbe chinensis (Maxim.) Franch. & Savat.

- 分布区域　长白山海拔600～1600 m处。生长在河边、湿地、沟谷、林缘、草甸及山地树林中的溪流旁。花期7～8月。

- 花粉特征　花粉近长椭圆形，极面观三裂，近圆形。极轴长51.2（51～53）μm，赤道轴长27.3（25～30）μm。具三沟。花粉表面具微刺纹饰。

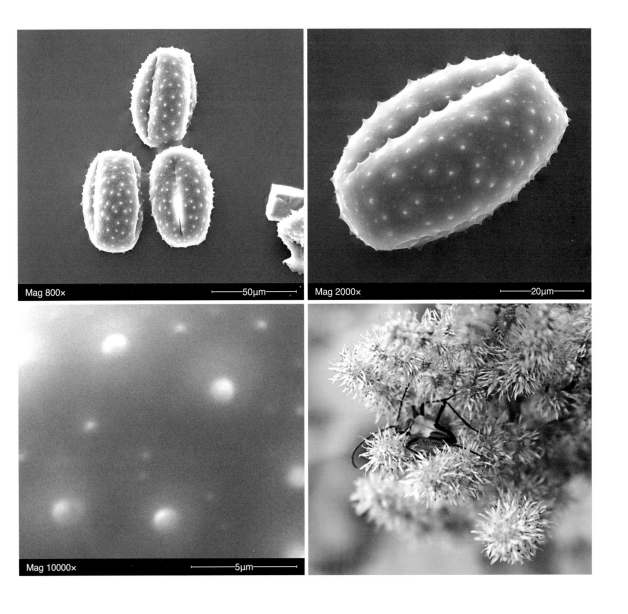

3　金腰属　中华金腰

Chrysosplenium sinicum Maxim.

- 分布区域　长白山海拔600～1400 m处。生长在河边湿地、沟谷、山涧及山地树林中的溪流旁。花期7～8月。
- 花粉特征　花粉长球形，极面观三裂，圆形。极轴长48.5 (46～51) μm，赤道轴长34.4 (33～36) μm。具三沟，沟中部较宽，靠近两极开口较小。花粉表面具细网状纹饰，极点表面光滑。

Mag 6000×　　10μm

Mag 10000×　　5μm

Mag 10000×　　5μm

4 金腰属　柔毛金腰

Chrysosplenium pilosum var. *valdepilosum* Ohwi

- **分布区域**　长白山海拔1400～1800 m处。生长在林下阴湿处或山谷石缝隙处。花期6～7月。
- **花粉特征**　花粉长球形，极面观三裂，圆形。极轴长13.6 (12～16) μm，赤道轴长6.9 (6～8) μm。具三沟，沟中部较宽，靠近两极开口较小。花粉表面具网状纹饰，极点表面近光滑，具少量网孔纹饰。

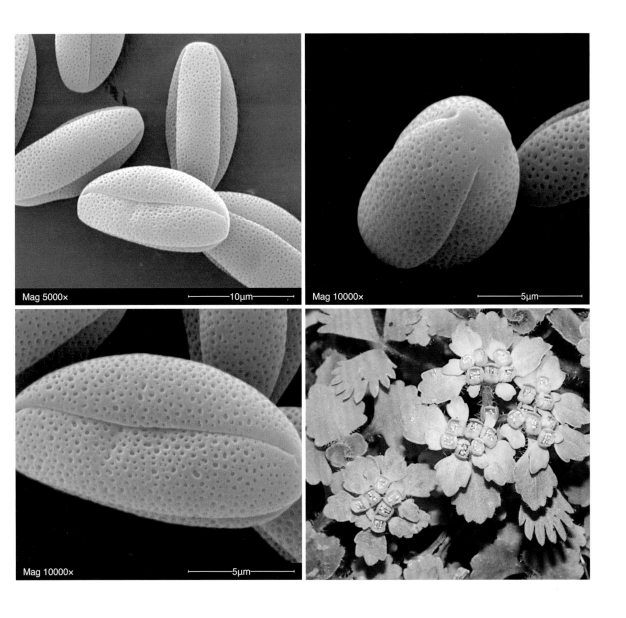

5 虎耳草属 长白亭阁草

Micranthes laciniata (Nakai & Takeda) S. Akiyama & H. Ohba

- **分布区域**　中国长白山特有植物种。分布于长白山海拔2300～2600 m处。生长在草甸或岩石缝隙处。花期7～8月。

- **花粉特征**　花粉长球形，极面观三裂，圆形。极轴长17.2 (16～19)μm，赤道轴长10.7 (10～12)μm。具三沟，沟中部较宽，靠近两极逐渐变小。花粉表面具网状纹饰，极点处表面网孔小。

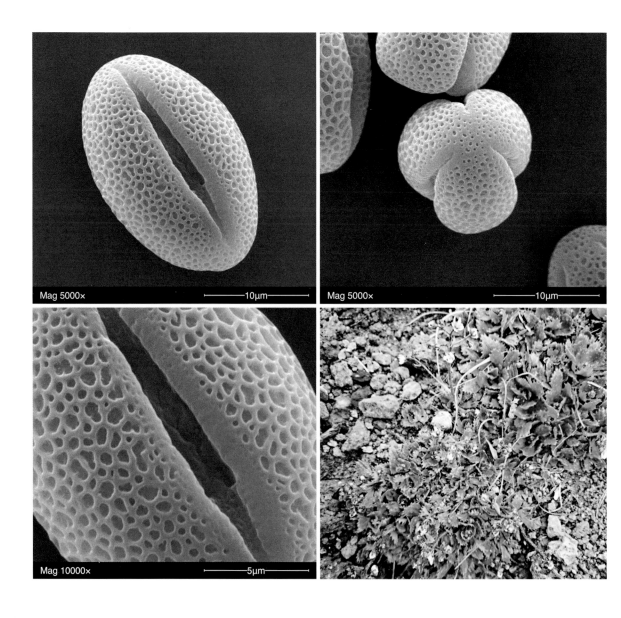

6 梅花草属 多枝梅花草

Parnassia palustris var. *multiseta* Ledeb.

- **分布区域**　长白山海拔2000～2400 m处。生长在草甸及火山灰石砾处。花期 7～9月。
- **花粉特征**　花粉长球形，极面观三裂，圆形。极轴长31.1 (30～33) μm，赤道 轴长19.1 (17～21) μm。具三沟，由两极至赤道沟渐宽，至中间赤道处达最 宽。萌发孔突出，花粉表面具网状纹饰且网脊突出呈镂空状，极点处表面网 孔愈合。

1 茶藨子属　东北茶藨子
Ribes mandshuricum (Maxim.) Kom.

- 分布区域　长白山海拔300～1800 m处。在低海拔的山坡及山谷中分布较多，同时与针叶林、阔叶林、杂木林混生，喜光。花期5～6月。

- 花粉特征　花粉七面体，近球形。直径28.8 (27～31) μm。花粉表面具大散孔7个，孔圆形，直径12.7～13.6 μm，分布于整个花粉各面上。孔膜上具数量不同的颗粒，萌发孔大型。花粉表面其余部分光滑。

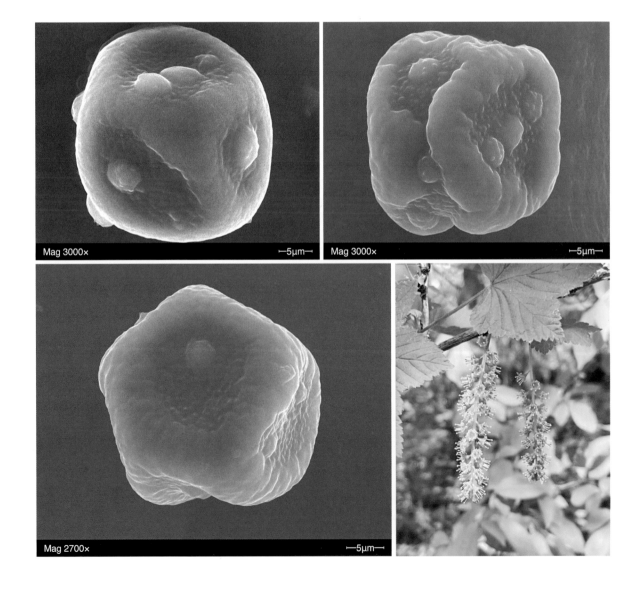

Mag 3000×　　　—5μm

Mag 3000×　　　—5μm

Mag 2700×　　　—5μm

1 　桦木属　白桦 *Betula platyphylla* Sukaczev

- **分布区域**　长白山海拔500～1500 m处。生长在山坡、平缓湿润林地内及沼泽地内。花期5～6月。
- **花粉特征**　花粉扁球状，极面观十字圆形。极轴长40.1 (39～41) μm，赤道轴长31.7 (31～34) μm。花粉正面观具3条隆脊，表面形成3个深凹坑。花粉表面密被小疣状突起，极点处具凹陷。

注：此种在全国范围内均有分布，且变种较多，本花粉为分布于长白山区白桦种花粉类型。

2 鹅耳枥属 千金榆 *Carpinus cordata* Blume

- 分布区域　长白山海拔500～2500 m区域。生长在山坡、山谷等处，与其他林木混生于杂木林内，喜湿润、荫蔽环境。花期5月。
- 花粉特征　花粉球形。极轴长27.4 (26～30) μm，赤道轴长19.3 (18～21) μm。两极极点处具两孔，孔周围凹陷，中间具不规则孔突。花粉表面密被微刺状纹饰。

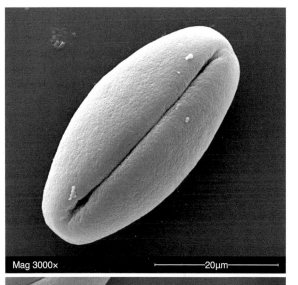

Mag 3000×　　　　　　　　20μm

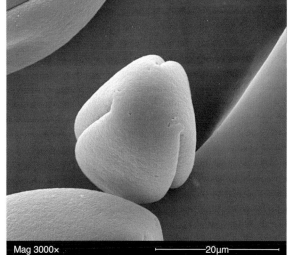

Mag 3000×　　　　　　　　20μm

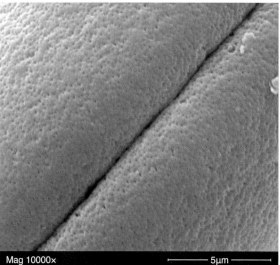

Mag 10000×　　　　　　　5μm

1 **董菜属** 鸡腿堇菜
Viola acuminata Ledeb.

- 分布区域　长白山海拔600～1500 m处。生长在红松阔叶林下、林缘、灌丛、草地或溪谷湿地周围。花期6～7月。

- 花粉特征　花粉近橄榄形，极面观三裂，圆形。极轴长59.2（58～61）μm，赤道轴长18.3（16～21）μm。具三沟，沟较细，宽度均匀。花粉表面粗糙不光滑，密被细小穴状孔。

堇菜科

Violaceae

2 董菜属 双花董菜 *Viola biflora* L.

- **分布区域** 长白山海拔2000～2400 m的苔原带。生长在苔原带草甸及岩石缝隙。花期7～8月。
- **花粉特征** 花粉长球形,极面观三裂,圆形。极轴长52.7 (51～54) μm,赤道轴长25.2 (23～27) μm。具三沟,宽度均匀,沟长近达极点。花粉表面粗糙,具萌发小孔。

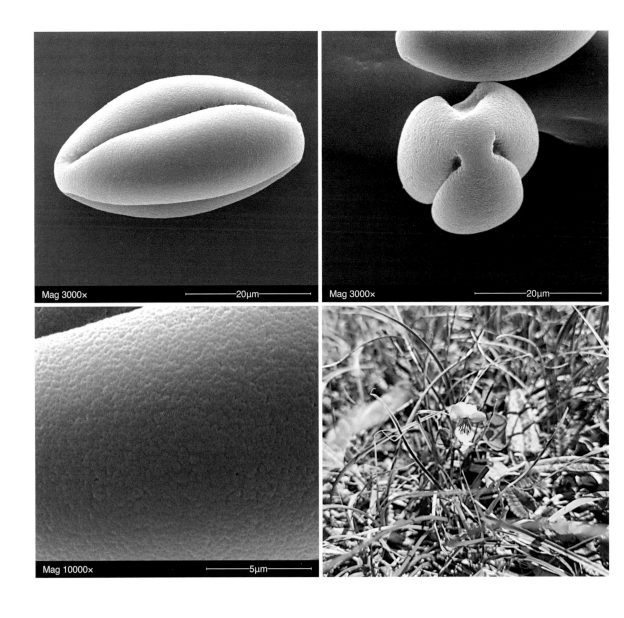

Mag 3000×　20μm

Mag 3000×　20μm

Mag 10000×　5μm

3　**堇菜属**　紫花地丁 *Viola philippica* Cav.

- **分布区域**　长白山海拔800 m以下的区域。生长在山坡、草地、路旁林缘及灌丛空地等处，喜光线充足的区域。花期4～8月。
- **花粉特征**　花粉长球形，极面观三裂，圆形。极轴长47.1 (46～49) μm，赤道轴长18.5 (16～21) μm。具三沟，沟较宽，宽度均匀。花粉表面具网状纹饰，网脊不明显。

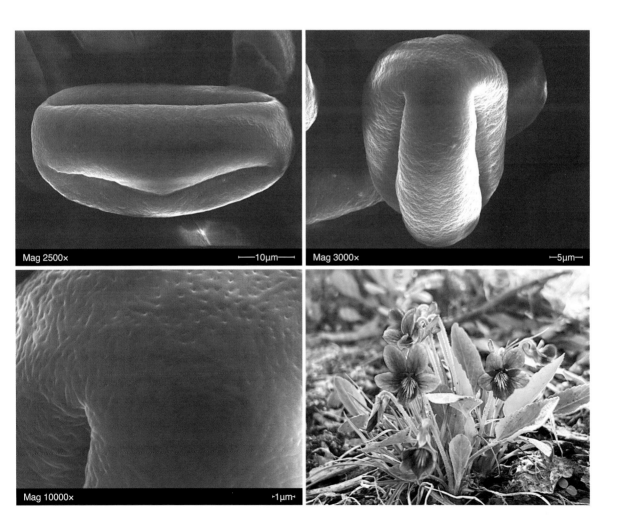

Mag 2500× ——10μm— 　Mag 3000× —5μm—

Mag 10000× ─1μm─

1 八宝属　长药八宝
Hylotelephium spectabile (Bor.) H. Ohba

- **分布区域**　长白山海拔600～1300 m处。生长在红松阔叶林下、林缘及石头缝隙处。花期8～9月。
- **花粉特征**　花粉扁球形，极面观椭圆形。极轴长33.4 (33～36) μm，赤道轴长30.6 (30～32) μm。具六沟，将整个花粉近等分，沟膜近光滑。花粉表面具网状纹饰，网脊较浅。

Mag 5000×　　10μm

Mag 5000×　　10μm

Mag 10000×　　5μm

2 费菜属　费菜
Phedimus aizoon (L.) 't Hart

- 分布区域　长白山海拔600～1500 m处。生长在红松阔叶林下、林缘及岩石缝隙处。花期6～7月。
- 花粉特征　花粉长球形，极面观椭圆形。极轴长13.5 (13～15) μm，赤道轴长31.5 (30～33) μm。具三沟，沟较深，沟长不达极点。花粉表面具不规则网状纹，网脊较浅，近极点处光滑。

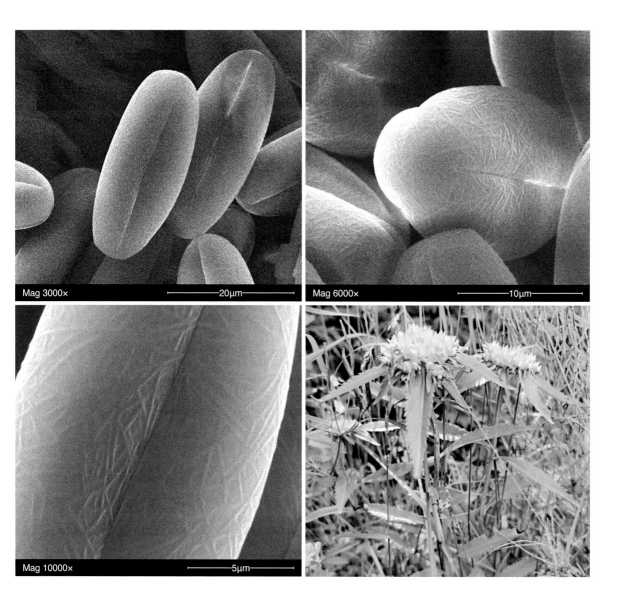

3 瓦松属　瓦松 *Orostachys fimbriata* (Turcz.) A. Berger

- **分布区域**　长白山海拔1900~2400 m处。生长在长白山苔原带岩石缝隙及火山灰石砾间。花期8月。
- **花粉特征**　花粉长球形，极面观三裂，椭圆形。极轴长28.8 (28~31) μm，赤道轴长14.9 (14~16) μm。具三沟，沟较深，沟长不达极点。花粉表面具有由纵横交错的长条线组成的不规则网状纹，网脊隆起较高，近极点处光滑。

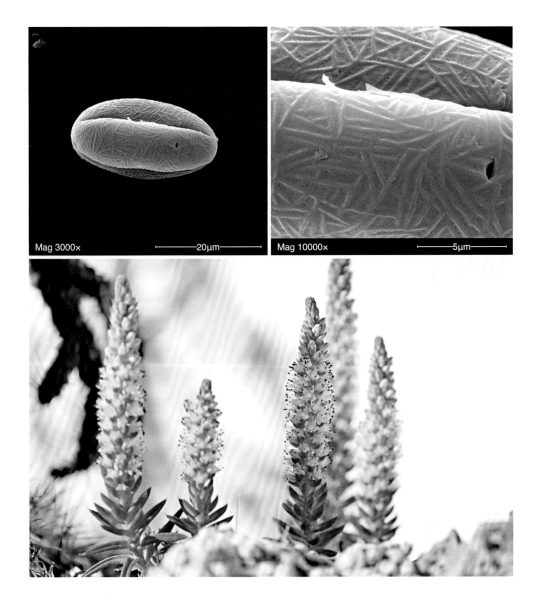

4 红景天属 长白红景天 *Rhodiola angusta* Nakai

- **分布区域** 长白山海拔1900~2400 m处。生长在长白山林下坡地和苔原带岩石缝隙、火山灰石砾间，与毛缘薹草、长白狗舌草、东亚仙女木等混生。花期8月。

- **花粉特征** 花粉长球形，极面观圆球形。极轴长23.5 (23~26) μm，赤道轴长13.1 (12~17) μm。具三沟，近等分整个花粉，沟内膜萌发孔突出。花粉表面具不规则短线组成的网纹，网脊较浅，网脊基部表面光滑。

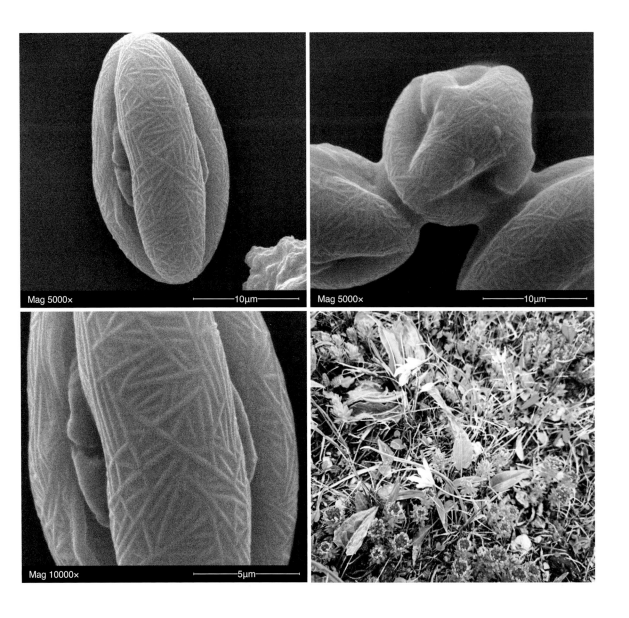

Mag 5000×　　10μm

Mag 5000×　　10μm

Mag 10000×　　5μm

桔梗科 *Campanulaceae*

1 风铃草属　紫斑风铃草 *Campanula punctata* Lam.

- 分布区域　长白山海拔600～1500 m处。生长在草地内、灌木下、林荫地内。花期7～8月。
- 花粉特征　花粉近球形，直径28.4 (27～29) μm。两极有突起状物，突起物周围凹陷。花粉表面长有微刺，且表面粗糙具不规则分布条纹。

2 风铃草属 聚花风铃草 *Campanula glomerata* subsp. *speciosa* (Hornem. ex Spreng.) Domin

- 分布区域 长白山海拔1000~1600 m处。生长在草地、亚高山草甸、灌丛中及山坡等处。花期7~8月。
- 花粉特征 花粉圆球形，直径28.1 (27~30) μm。两极有突起状物，突起物周围花粉表面平整。花粉表面具均匀分布的短刺，且表面粗糙。

3 沙参属 展枝沙参 *Adenophora divaricata* Franch. & Savat.

- 分布区域　长白山海拔1000～1600 m处。生长在灌丛中及山坡地等阴湿处。花期7～8月。
- 花粉特征　花粉球形，直径39.1 (38～41) μm。花粉表面具短锐刺，三角形，长1.7 (1.5～1.8) μm，表面具大型刺状突起和穴状纹饰，花粉表面具不规则分布粗糙条纹。

4 **沙参属** 长柱沙参 *Adenophora stenanthina* (Ledeb.) Kitag.

- **分布区域** 长白山海拔800～1600 m处。生长在灌丛中、草地及高山草甸等阴湿地。花期8月。
- **花粉特征** 花粉球形，直径32.5 (31～34) μm。花粉表面具短锐刺，三角形，长0.8 (0.5～1.0) μm，表面具大型不规则突起和穴状纹饰，穴状纹饰凹陷内具疣状突起，花粉表面密布颗粒状突起。

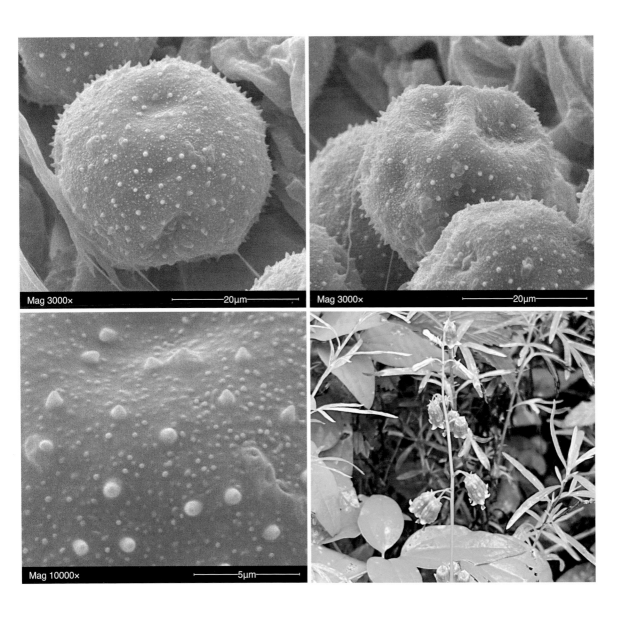

5　牧根草属　牧根草 *Asyneuma japonicum* (Miq.) Briq.

- **分布区域**　长白山海拔800～1200 m处。生长在阔叶林、杂木林及草地内。花期7～8月。
- **花粉特征**　花粉球形，直径32.4 (31～34) μm。花粉表面具短锐刺，三角形，长0.6 (0.4～0.8) μm，表面具大型乳状突起且周围凹陷，花粉表面分布不规则粗糙条纹。

6　**桔梗属**　桔梗 *Platycodon grandiflorus* (Jacq.) A. DC.

- **分布区域**　长白山海拔1800 m以下的区域。生长在草丛、灌丛，少分布于林下，喜阳。花期7~9月。
- **花粉特征**　花粉长球形，表面具6条深沟，直径45.2 (44~47) μm。花粉表面具短锐刺，三角形，长0.7 (0.6~0.8) μm，花粉萌发孔处具大型乳突，花粉表面分布不规则网状条纹。

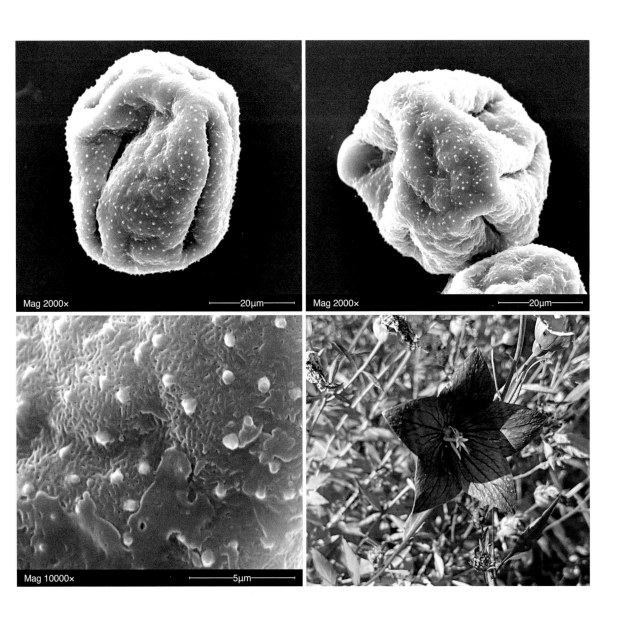

7 **党参属** 党参 *Codonopsis pilosula* (Franch.) Nannf.

- **分布区域** 长白山海拔500～800 m处。生长在灌丛中、阔叶林下、林缘及草地等阴湿处。花期7～8月。
- **花粉特征** 花粉近长球形，极面观圆形。花粉直径32.5 (31～34) μm。具6～8条浅沟，沟内具小疣状突起，略大于花粉刺状突起。

1 ｜紫菀属｜ 东风菜 *Aster scaber* Thunb.

- **分布区域**　长白山海拔600~1800 m处。生长在山坡、草地、灌丛及沟谷等处。花期7~8月。
- **花粉特征**　花粉扁圆形，极面观有一极沟。最长部分为22.2 (21~24) μm。花粉表面具刺，刺锐利，长2.8 (2.3~3.4) μm，花粉沟有紧贴于花粉表面的锐刺。

2 **紫菀属** 高山紫菀 *Aster alpinus* L.

- **分布区域** 长白山海拔1200～1600 m处。生长在草地及高山草甸等阴湿处。花期7～8月。

- **花粉特征** 花粉长球形，极面观圆形。极轴长31.1 (29～33) μm，赤道轴长21.4 (19～24) μm。具三沟，沟较深。花粉表面具刺，刺短，长1.5 (1.3～1.8) μm，三角形，尖锐。

3 **紫菀属** 圆苞紫菀 *Aster maackii* Regel

- **分布区域**　长白山海拔900～1200 m处。生长在草地、坡地、林缘、积水草地及沼泽等阴湿处。花期7～8月。
- **花粉特征**　花粉近球形，极面观三裂，近圆形，直径25.2 (23～27) μm。具三沟，花粉表面及沟内有粗糙浅穴状纹饰。花粉表面具锐刺，长3.1 (2.9～3.4) μm，刺三角形。

4 紫菀属 全叶马兰 *Aster pekinensis* (Hance) F. H. Chen

- **分布区域**　长白山海拔800～1200 m处。生长在山坡、林缘及灌丛等开阔地，喜光照充足的区域。花期7～8月。
- **花粉特征**　花粉近球形，极面观三裂，长球形。极轴长23.2 (21～25) μm，赤道轴长14.6 (13～16) μm。具三沟，沟较深，沟内中央萌发孔较突出。花粉表面具长刺，长2.6 (2.1～3.4) μm，尖锐，三角形。刺基部与刺间的表面具大小不一的穴状孔。

5　紫菀属　狗娃花　*Aster hispidus* Thunb.

- **分布区域**　长白山海拔600～1200 m处。生长在林缘、草丛、河岸、溪水旁及路边。花期8～9月。
- **花粉特征**　花粉长球形，极面观三裂，圆形。极轴长29.6 (27～31) μm，赤道轴长21.8 (20～23) μm。具三深沟。花粉表面具锐刺，长2.33～3.03 μm。刺基部与刺间的表面有少量小穴。

6 | 假还阳参属 黄瓜菜
Crepidiastrum denticulatum (Houtt.) Pak & Kawano

- **分布区域** 长白山海拔600～1600 m处。生长在林缘、灌丛、草地、岩石上或岩石缝隙中。花期7～8月。
- **花粉特征** 花粉圆球形，直径31.4 (27～33) μm。表面具10个不规则圆形穴状凹陷。外围形成隆脊，具长锐刺，长1.02～1.27 μm。除刺外，表面有小穴。

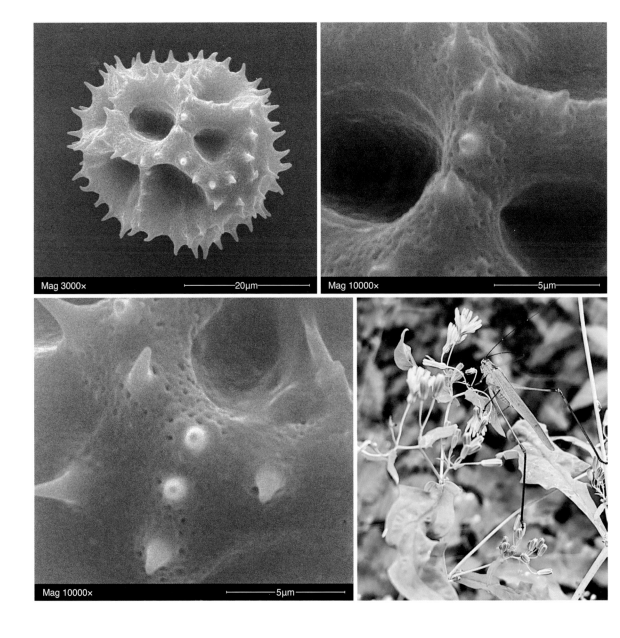

Mag 3000×   20μm

Mag 10000×   5μm

Mag 10000×   5μm

7 **假还阳参属**　尖裂假还阳参

Crepidiastrum sonchifolium (Bunge) Pak & Kawano

- **分布区域**　长白山海拔600～1800 m处。生长在山坡、灌丛、河滩、悬崖、路旁及草地等处。花期7～8月。
- **花粉特征**　花粉球形，直径26.1 (25～28) μm。两极具深穴状凹陷，内具萌发孔。表面具12个长形不规则穴状凹陷。外围形成隆脊，具锐刺，长1.28～1.59 μm。除刺外，表面有小穴状纹饰。

8 **飞廉属** 丝毛飞廉 *Carduus crispus* L.

- 分布区域 长白山海拔600~1600 m处。生长在草地、草甸、溪水旁、沟谷等阴湿处。花期7~8月。
- 花粉特征 花粉长球形，极面观三裂，圆形。极轴长51.1 (49~53) μm，赤道轴长38.7 (37~40) μm。具三沟。花粉表面具钝刺，刺短，三角形。花粉表面具浅穴状纹饰。

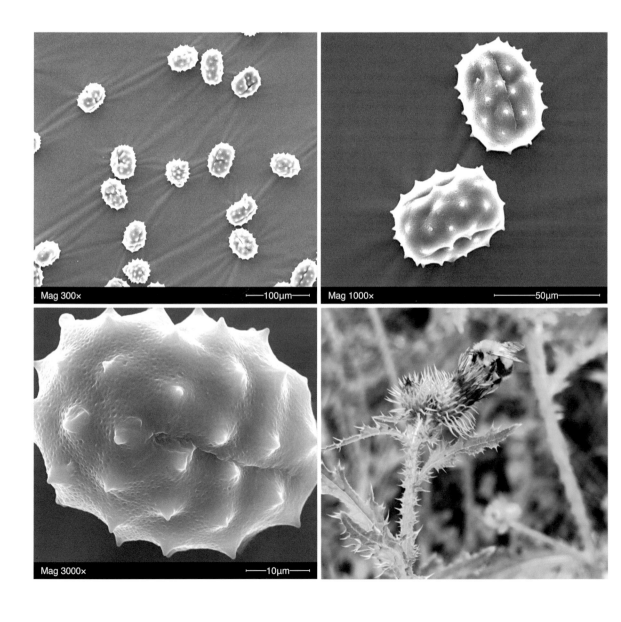

9　飞廉属　节毛飞廉 *Carduus acanthoides* L.

- **分布区域**　长白山海拔1200 m以下的区域。生长在林缘、山坡、草地、灌丛、沟谷、水边或路旁。花期5～6月。
- **花粉特征**　花粉长球形，极面观三裂，圆形。直径53.5 (52～56) μm。具三沟，花粉有钝刺，刺短，三角形。花粉表面密被穴状纹饰。

10　飞蓬属　山飞蓬 *Erigeron alpicola* Makino

- **分布区域**　长白山海拔2000～2600 m处。生长在苔原带苔藓上，与其他地被植物混生。花期8月。
- **花粉特征**　花粉近球形，极面观3～4裂，圆形，直径15.1 (14～16) μm。具3～4孔沟，孔沟内有凹陷和明显突出物。花粉具长锐刺，长2.2 (2.0～2.4) μm，刺三角形。花粉表面具皱波状纹饰。

11 飞蓬属 一年蓬 *Erigeron annuus* (L.) Pers.

- **分布区域** 长白山海拔1500 m以下的区域。生长在林下、林缘、灌丛、草地及路旁等处。花期7~8月。
- **花粉特征** 花粉近球形，直径26.7 (25~28) μm。表面具10~12个圆形至长形不规则深穴状凹陷，其中6个坑内具乳状突起。外围形成隆脊，脊上具锐刺，长1.64~2.74 μm。除刺外，表面有小穴。

12　牛膝菊属　粗毛牛膝菊
Galinsoga quadriradiata Ruiz & Pav.

- 分布区域　长白山海拔600～800 m处。生长在山坡草地、林下及路旁。花期7～8月。
- 花粉特征　花粉球形，极面观三裂，直径21.2 (20～23) μm。具三深沟，沟长近达极点，沟内具乳状突起。花粉表面密被长刺，长2.23～3.17 μm，刺基部具稠密穴状孔。

13　牛膝菊属　牛膝菊 *Galinsoga parviflora* Cav.

- **分布区域**　长白山海拔600 m以下的区域。生长在林下、河谷、荒野、田间及路旁。花期7～8月。
- **花粉特征**　花粉圆球形，直径23.5 (22～25) μm。花粉表面具三角形长锐刺，刺长3.25～4.39 μm，刺基部具穴状孔。花粉表面粗糙，长刺之间具3个乳状突萌发孔，突起表面凹凸不平。

14 蓟属 大刺儿菜
Cirsium arvense var. *setosum* (Willd.) Ledeb.

- **分布区域**　长白山海拔600～1400 m处。生长在山坡、林缘、灌丛及草地等处。花期6～8月。
- **花粉特征**　花粉近球形，直径35.3 (33～36) μm。花粉表面具锐刺，刺短，三角形。除短刺外，花粉外膜粗糙，具不规则隆起。

15 蓟属 绒背蓟 *Cirsium vlassovianum* Fisch. ex DC.

- **分布区域** 长白山海拔1000～1600 m处。生长在林缘、林下、河边、溪水旁及路边潮湿地等处。花期7～8月。
- **花粉特征** 花粉近球形，极面观三裂，直径36.4 (34～38) μm。表面具近达极点的三深沟，沟内不规则突起。花粉密被均匀短刺状突起。

16 **橐吾属** 长白山橐吾 *Ligularia jamesii* (Hemsl.) Kom

- **分布区域** 长白山海拔600～1800 m处。生长在山坡、林下、高山草甸、灌丛及草地等处。花期6～8月。

- **花粉特征** 花粉近球形，极面观3 (～4)裂，圆形，直径53～56 μm。具3 (～4)孔沟。花粉表面具刺，刺锐利，长3～4 μm。刺脊部与刺间的表面具小穴，表面粗糙。

Mag 3000×   ⊢——— 10μm

Mag 10000×   ⊢——— 5μm

17 蒙吾属 蹄叶蒙吾 *Ligularia fischeri* (Ledeb.) Turcz.

- **分布区域**　长白山海拔800～1800 m处。生长在溪水边、山坡、草甸、灌丛、林缘及林下等处。花期7～8月。

- **花粉特征**　花粉近球形，极面观三裂，圆形，直径31.9 (31～33) μm。具三沟，沟内中央有明显疣状突起。花粉具长刺，长3.9 (3.3～4.5) μm，尖锐，三角形。刺基部与刺间的表面均有小穴。

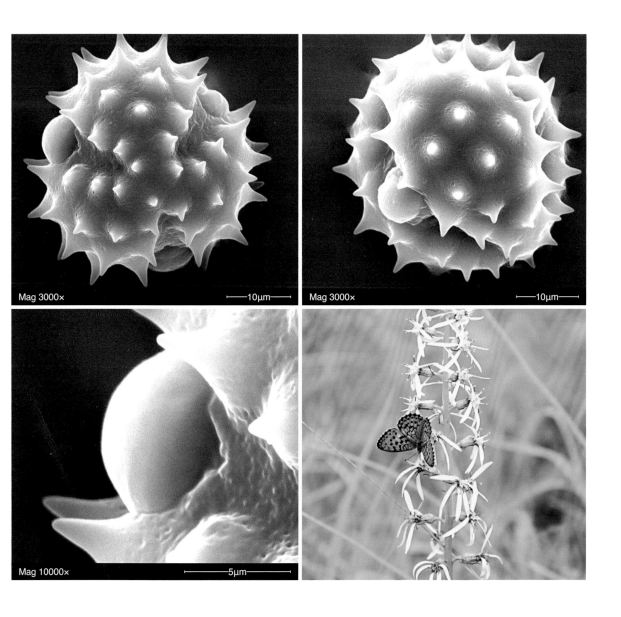

18 狗舌草属 长白狗舌草
Tephroseris phaeantha (Nakai) C. Jeffrey & Y. L. Chen

- **分布区域**　长白山海拔2000～2500 m处。生长在苔原带苔藓及岩石缝隙处。花期7～8月。

- **花粉特征**　花粉近长球形。极轴长39.1（38～42）μm，赤道轴长28.7（28～30）μm。具三深沟，使花粉呈三瓣状。花粉表面具短刺，尖锐，长1.8（1.6～2.0）μm。除刺外，表面有小穴。

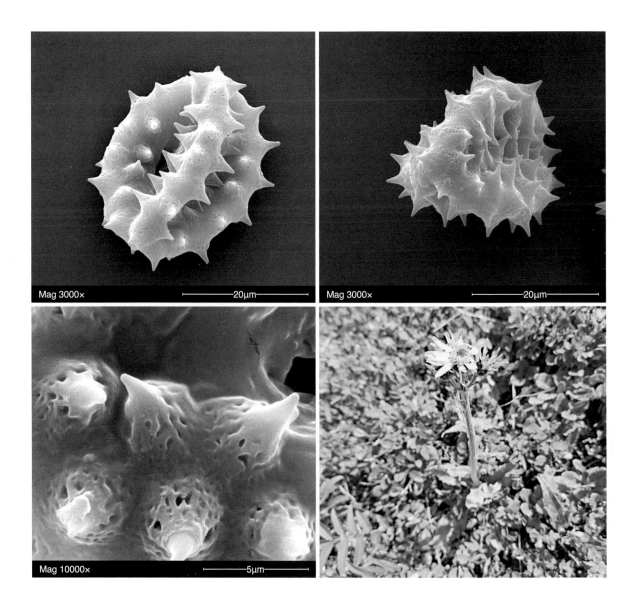

19 狗舌草属 狗舌草
Tephroseris kirilowii (Turcz. ex DC.) Holub

- **分布区域** 长白山海拔1200 m以下的区域。生长在山坡草地、林园开阔地等向阳处。花期5~6月。
- **花粉特征** 花粉近似长球形，直径34.2 (29~39) μm。表面具三沟。花粉表面具短刺，尖锐，长2.3 (2.1~2.6) μm。刺基部表面密被深穴状孔。花粉其他区域具浅穴孔或相对光滑。

20 还阳参属　宽叶还阳参
Crepis coreana (Nakai) Sennikov

- 分布区域　长白山海拔800～1400 m处。生长在山坡、灌丛、林缘、路旁、沙地及石缝等处。花期8月。
- 花粉特征　花粉近球形，直径22.9 (22～24) µm。表面具10个圆形至长形不规则穴状凹陷，其中3个坑内具乳状突起。外围形成隆脊，具短锐刺，长1.04～1.31 µm。除刺外，表面有小穴。

Mag 3000×　20µm

Mag 3000×　20µm

Mag 10000×　5µm

21　**还阳参属**　屋根草 *Crepis tectorum* L.

- **分布区域**　长白山海拔800 m以下的区域。生长在路边、沟旁、草地、林缘等阳光充沛的区域。花期6月。

- **花粉特征**　花粉球形，直径28.3 (27～41) μm。两极突出呈瘤状。表面具10个长形不规则穴状凹陷。外围形成隆脊，具锐刺，长1.21～1.47 μm。除刺外，隆脊基部具小穴状纹饰。

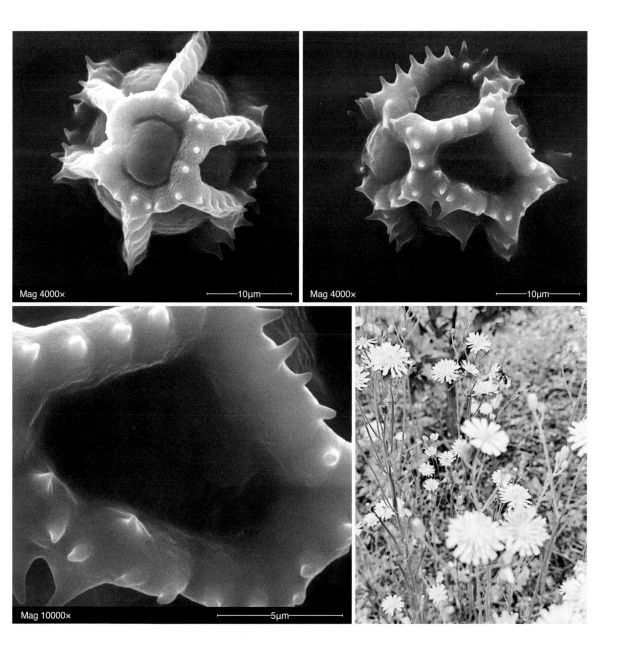

22 一枝黄花属 兴安一枝黄花 *Solidago dahurica* Kitag.

- **分布区域** 长白山海拔800~1600 m处。生长在山坡、灌丛、林缘及路旁等处。花期8月。
- **花粉特征** 花粉近球形,直径21.1 (19~24) μm。花粉具锐刺,三角形,长2.3 (2.1~2.6) μm,有三个均匀分布的疣状突起,花粉表面具浅穴状粗糙纹饰。

23 | **蒲公英属**　蒲公英 *Taraxacum mongolicum* Hand.-Mazz.

- **分布区域**　长白山海拔1000 m以下的区域。生长在草地、坡地、林下、林缘及路边等处。花期5～8月。
- **花粉特征**　花粉近球形，直径36.7 (34～39) μm。花粉表面具粗网状纹饰，网眼较大，网脊较高，脊上排列有短刺，长1.6 (1.4～1.9) μm，刺呈三角形。

24　翅果菊属　翅果菊　*Lactuca indica* L.

- 分布区域　长白山海拔600～1000 m处。生长在道路两旁、林缘、草甸及草地等处。花期7～8月。

- 花粉特征　花粉呈不规则状，整体观近圆三角形，三边呈弧形弯曲。顶点处具三孔，角孔凹陷。最宽处30.5 (29～31) µm。花粉表面具粗糙刺状颗粒纹饰。花粉覆盖层厚0.2～0.3 µm，柱状层厚0.15～0.2 µm，基层厚0.4～0.6 µm。花粉内层仅在萌发孔两旁发育，呈海绵状。

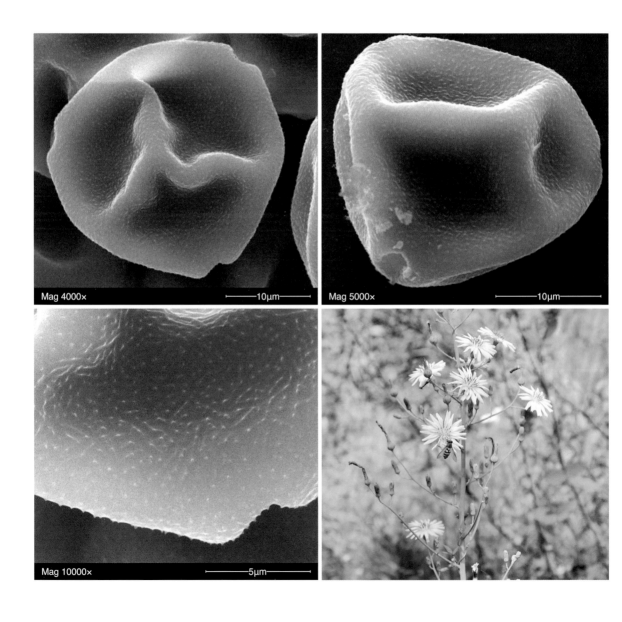

25 山柳菊属　山柳菊 *Hieracium umbellatum* L.

- **分布区域**　长白山海拔800～1600 m处。生长在山坡林缘、林下、灌丛、溪流两侧及河滩沙地等处。花期5～8月。
- **花粉特征**　花粉近球形，直径21.9 (20～23) μm。花粉表面具锐刺，长2.2 (2.0～2.4) μm，排列不均匀，表面粗糙。可观察到花粉萌发孔。

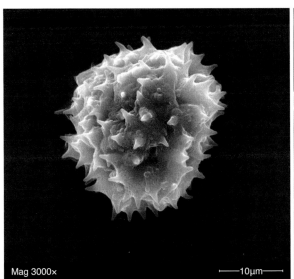

Mag 3000×　　　　　　　　　　10μm

Mag 10000×　　　　　　　　　　5μm

26　菊属　小山菊 *Chrysanthemum oreastrum* Hance

- 分布区域　长白山海拔1900～2600 m处。生长在苔原带苔藓及岩石缝隙处。花期8月。
- 花粉特征　花粉长球形，极面观圆形。极轴长32.4 (32～34) μm，赤道轴长26.2 (25～27) μm。具三浅沟，中间不规则突起。花粉表面具刺，刺短，长1.30～1.78 μm，三角形，尖锐。刺基部与刺间的表面有少量小穴。

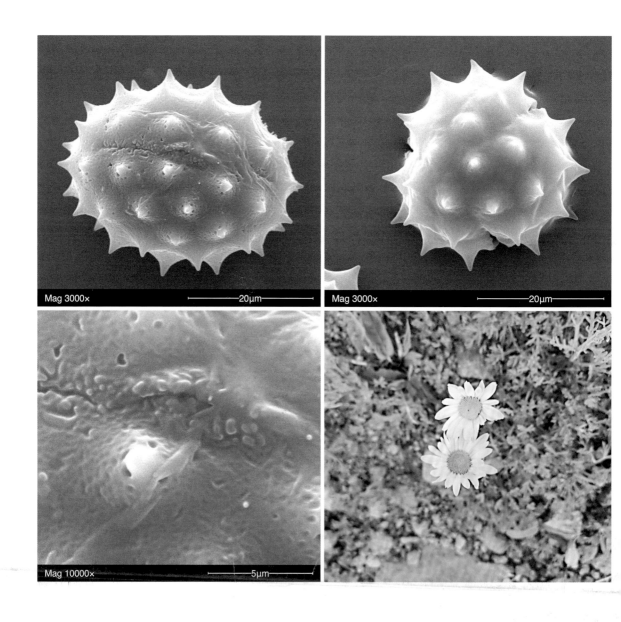

27　苦荬菜属　中华苦荬菜 *Ixeris chinensis* (Thunb.) Nakai

- **分布区域**　长白山海拔800～1600 m处。生长在山坡、灌丛、林缘及草地等处。花期8月。

- **花粉特征**　花粉近球形，直径28.5 (26～31) μm。表面具10个圆形至长形不规则深穴状凹陷，其中3个坑内具乳状突起。外围形成隆脊，脊上具锐刺，长1.79～2.39 μm。除刺外，表面有小穴。

28 蒿属 大籽蒿 *Artemisia sieversiana* Ehrhart ex Willd.

- 分布区域 　长白山海拔600～1500 m处。生长在路旁、荒地、河滩、草地、山坡及林缘等处。花期7～8月。
- 花粉特征 　花粉近球形，极面观三裂，直径15.6 (14～17) μm。表面具近达极点的三深沟，沟中间具大型乳状突起。花粉表面密被均匀短刺状突起。

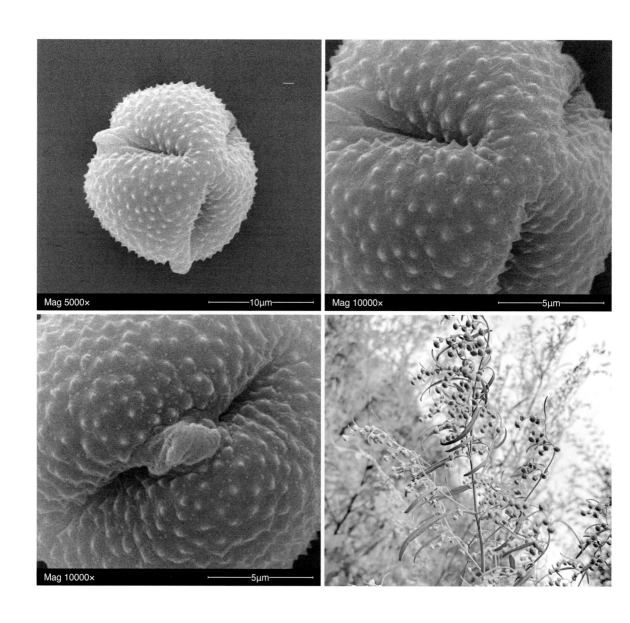

29 高山蓍属　高山蓍 *Achillea alpina* L.

- **分布区域**　长白山海拔600～1400 m处。生长在林缘、山坡、灌丛、草地、水湿地及沟谷等处。花期7～8月。
- **花粉特征**　花粉近球形，极面观三裂，形成不达极点的三沟，直径22.6 (21～24) μm。花粉表面具长刺状突起，长6.5 (6.1～6.9) μm，花粉表面密被刺状突起。

Mag 5000×　　　　　10μm

Mag 10000×　　　　　5μm

30　**和尚菜属**　和尚菜 *Adenocaulon himalaicum* Edgew.

- **分布区域**　长白山海拔600～1600 m处。生长在林缘、灌丛、草地、水湿地及沟谷等阴湿处。花期7～8月。

- **花粉特征**　花粉长球形，极面观三裂，圆形。极轴长27.6 (26～29) μm，赤道轴长16.5 (15～18) μm。具三深沟，沟长不达极点。花粉表面具三角形短刺状突起，长0.52～0.63 μm。

31 金光菊属　金光菊 *Rudbeckia laciniata* L.

- **分布区域**　本种为引种品种。分布于长白山国家级自然保护区绿化带两侧。花期7~8月。

- **花粉特征**　花粉球形，直径29.5 (27~32) μm。极面观三裂，形成三沟，沟内具乳状突起。花粉表面具长锐刺，长4.29~5.24 μm。刺状突起基部具小穴状纹饰，其余花粉表面不规则凹凸。

Mag 4000×　　　10μm

Mag 10000×　　　5μm

32 向日葵属 菊芋 *Helianthus tuberosus* L.

- 分布区域 长白山海拔600～1400 m处。生长在山坡、灌丛、路旁及草地等处。花期8～9月。
- 花粉特征 花粉球形，直径40.5 (39～42) μm。表面具3个乳状突起。花粉表面具长锐刺，长4.15～5.66 μm。花粉表面不平。

33　**千里光属**　林荫千里光 *Senecio nemorensis* L.

- **分布区域**　长白山海拔600～1800 m处。生长在溪水边、草地及亚高山草甸。花期7～8月。

- **花粉特征**　花粉球形，直径30.3 (28～33) μm。极面观三裂，形成三沟，沟内具大型乳状突起，直径4.8～6.1 μm。花粉具长锐刺，长1.9～3.5 μm。花粉表面具凹凸不平的纹理。

34　疆千里光属　全叶千里光

Jacobaea litvinovii (Schischk.) Zuev

- 分布区域　长白山海拔1200 m以下的区域。生长在林下、林缘、草甸、沟旁及湿草地处。花期7～8月。

- 花粉特征　花粉球形，直径36.6 (31～41) μm。极面观三裂，形成三沟，沟内具大型乳状突萌发孔。花粉具长锐刺，长2.5～3.1 μm。花粉表面具凹凸不平的纹理。

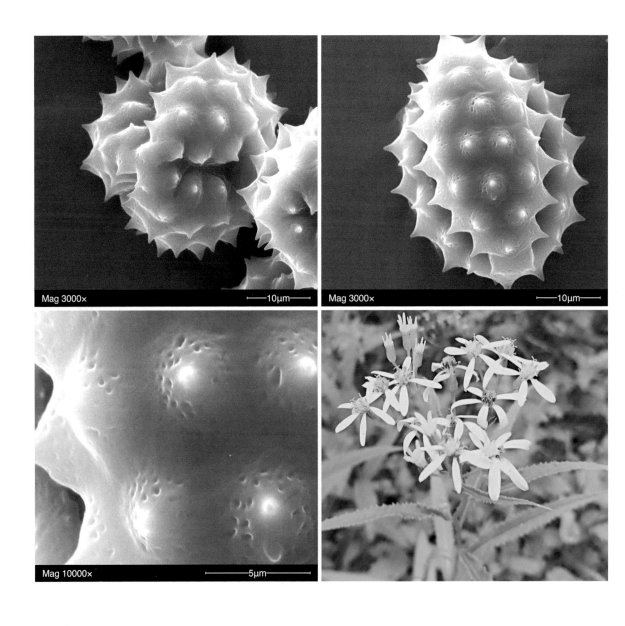

35 豚草属　豚草 *Ambrosia artemisiifolia* L.

- **分布区域**　长白山海拔600～1800 m处。生长在溪水边、草地、路旁及沟谷。花期8～9月。

- **花粉特征**　花粉球形，花粉一极凹陷，直径19.4 (18～22) μm。花粉表面密被三角形短刺且均匀分布。

36 风毛菊属 美花风毛菊
Saussurea pulchella (Fisch.) Fisch.

- 分布区域　长白山海拔1100～1600 m处。生长在山坡草地、林下及河岸边、
  溪水边、河沟旁。花期7～8月。
- 花粉特征　花粉球形，极面观圆形，直径22.4 (21～26) μm。表面具三深沟，
  沟内具乳状突萌发孔。花粉表面具三角形长刺，尖端尖锐，基部具穴孔。花
  粉表面密被穴状孔。

37 **天名精属** 烟管头草 *Carpesium cernuum* L.

- **分布区域**　长白山海拔600～1200 m处。生长在山坡草地、林下、河岸边、溪水边及河沟旁。花期7～8月。
- **花粉特征**　花粉球形，极面观三裂，直径30.6 (29～32) μm。具三深沟，沟长不达极点，沟内具乳状突起。花粉表面密被长刺，长3.18～4.45 μm，刺基部具稠密穴状孔。

38　**苦苣菜属**　长裂苦苣菜 *Sonchus brachyotus* DC.

- **分布区域**　长白山海拔600～1600 m处。生长在山坡草地、林下、河岸边、溪水边及河沟旁。花期7～8月。
- **花粉特征**　花粉球形，直径29.7 (27～32) μm。两极具深穴状凹陷，内具乳状突起，周围具3个圆形穴状凹陷，中间具8个长椭圆形穴状凹陷。外围形成隆脊，具锐刺，长2.37～3.62 μm。除刺外，表面有小穴状纹饰。

39 牛蒡属 牛蒡 *Arctium lappa* L.

- **分布区域**　长白山海拔600～1200 m处。生长在山坡草地、林缘、河边、溪水边及沟谷处。花期8～9月。

- **花粉特征**　花粉长球形，极面观圆形。极轴长53.3 (51～55) μm，赤道轴长35.4 (34～37) μm。具三深沟。花粉表面具短刺，圆形尖锐。花粉表面密被网状孔。

40　麻花头属　麻花头

Klasea centauroides (L.) Cass. ex Kitag.

- 分布区域　长白山海拔1000～1600 m处。生长在林缘、草地、草甸及路边。花期7～8月。

- 花粉特征　花粉球形，直径28.5 (27～31) μm。两极具深穴状凹陷，内具乳状突萌发孔，周围具等大的12个圆形穴状凹陷，凹陷内褶皱。外围具由长锐刺围成的隆脊，锐刺长1.71～1.92 μm。刺基部具穴状孔。花粉表面粗糙，密被小穴状纹饰。

41 **蟹甲草属** 星叶蟹甲草
Parasenecio komarovianus (Poljark.) Y. L. Chen

- **分布区域**　长白山海拔1000～1600 m处。生长林下、林缘，喜阴暗处相对潮湿的环境，在河岸边、溪水边、河沟旁也有分布。花期7～8月。

- **花粉特征**　花粉圆球形，直径33.2 (32～35) μm。花粉表面具长锐刺，长3.61～4.57 μm，三角形；花粉外膜粗糙，具短刺状突起。长刺之间具3个乳状突萌发孔，突起也被疣状突起和短刺。

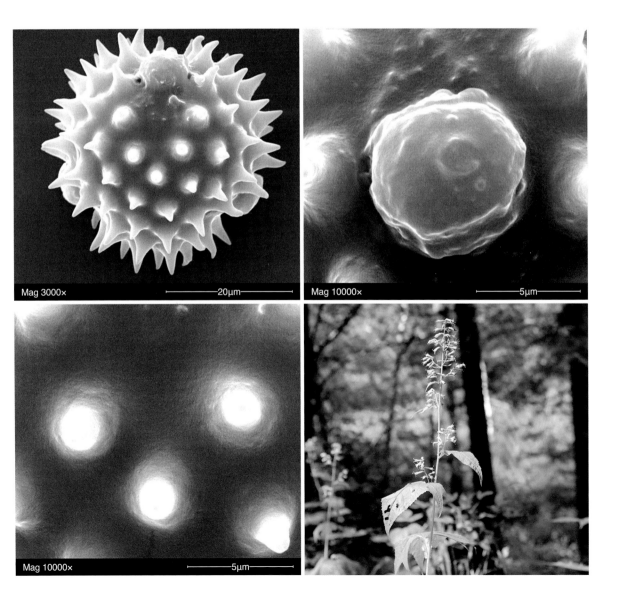

42 旋覆花属　欧亚旋覆花 *Inula britannica* L.

- **分布区域**　长白山海拔600～1400 m处。生长在林下及河边、溪水边、沟旁及路边。花期7～9月。
- **花粉特征**　花粉圆球形，直径29.5 (28～33) μm。花粉表面具长锐刺，长3.70～4.13 μm，三角形，刺基部具穴孔。花粉外膜不光滑，具浅穴孔。长刺之间具3个乳状突萌发孔，突起也被疣状突起。

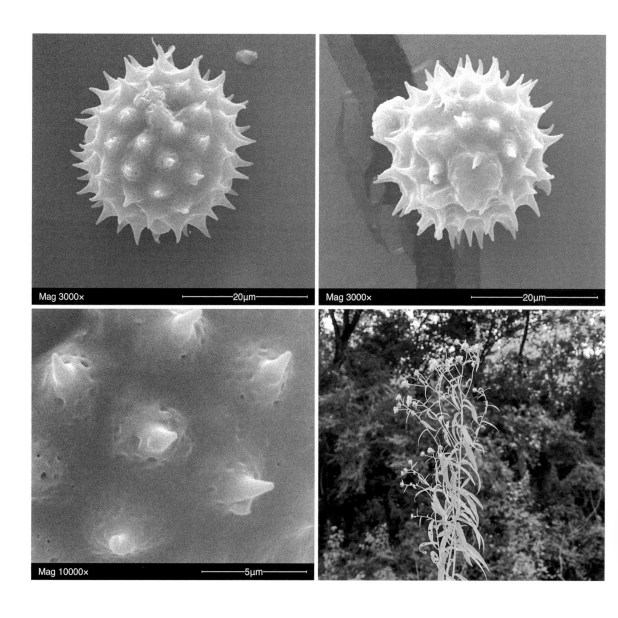

43 耳菊属 福王草 *Nabalus tatarinowii* (Maxim.) Nakai

- 分布区域　长白山海拔600～1600 m处。生长在林下、山谷、草地及山坡林缘或水湿地等处。花期7～8月。

- 花粉特征　花粉球形，直径33.9 (33～36) μm。两极具深穴状凹陷，内具乳状突萌发孔，周围具等大的10～12个圆形穴状凹陷。外围具由长锐刺围成的隆脊，锐刺长3.67～3.88 μm。刺基部具少量穴孔。花粉表面粗糙。

Mag 3000× 　20μm

Mag 3000× 　20μm

Mag 10000× 　5μm

蓼科 Polygonaceae

1 蓼属 红蓼 *Persicaria orientalis* (L.) Spach

- **分布区域**　长白山海拔600～1600 m处。生长在林缘、河边、溪水旁及路边潮湿地等处。花期7～8月。

- **花粉特征**　花粉扁球形，花粉一极深凹陷，直径51.6 (50～54) µm。花粉表面密被由脑纹状隆脊围绕形成的深穴状纹饰，穴底部具小疣状突起。由不同穴状形成的隆脊表面粗糙。

Mag 2000×　　20µm

Mag 2000×　　20µm

Mag 10000×　　5µm

2 蓼属 刺蓼

Persicaria senticosa (Meisn.) H. Gross ex Nakai

- **分布区域**　长白山海拔600～1400 m处。生长在林缘、林下、河边、溪水旁及沟谷潮湿地等处。花期8月。
- **花粉特征**　花粉扁球形，花粉一极凹陷，直径54.3 (53～56) μm。花粉表面密被深穴状纹饰，穴底部具小疣状突起。由不同穴状形成的隆脊表面粗糙。

3 蓼属 水蓼 *Persicaria hydropiper* (L.) Spach

- **分布区域**　长白山海拔600～1600 m处。生长在河边、溪水旁、沟谷及湿地草甸等处。花期8月。
- **花粉特征**　花粉球形，直径40.2 (39～43) μm。花粉表面密被由隆脊所围成的深穴状纹饰，穴底部具网状排布的疣状突起。由不同穴状形成的隆脊表面具辐射状隆起条纹，近平行排列于隆脊内壁。

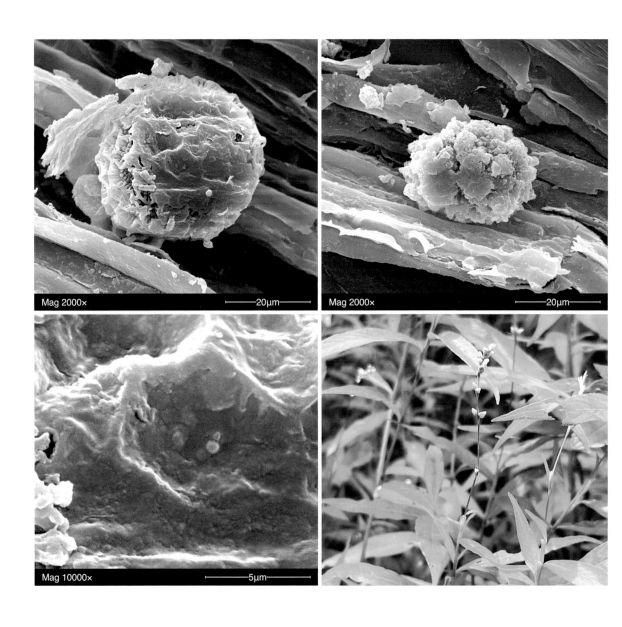

4 | 蓼属 | 绵毛酸模叶蓼

Persicaria lapathifolia var. *salicifolia* (Sibth.) Miyabe

- **分布区域**　长白山海拔600～1600 m处。生长在河边、溪水旁、沟谷、路旁及湿地草甸等处。花期8月。
- **花粉特征**　花粉球形，直径31.5 (29～33) μm。花粉密被由隆脊所围成的深穴状纹饰，穴底部具疣状突起。由不同穴状形成的隆脊表面具辐射状隆起条纹，近平行排列于隆脊内壁。

Mag 3000×　　20μm

Mag 10000×　　5μm

5　蓄蓄属　白山蓼

Koenigia ocreata (L.) T. M. Schust. & Reveal

- 分布区域　长白山海拔2000～2600 m处。生长在苔原带岩石缝隙及苔藓上。
  花期7～8月。
- 花粉特征　花粉长球形，极面观近圆三角形。极轴长37.9 (37～39) μm，赤道
  轴长28.5 (27.1～29.7) μm。具三沟，沟细长均匀，使花粉呈三瓣状。花粉具
  短刺纹饰，表面有萌发孔。

1　柳属　黄花柳 *Salix caprea* L.

- **分布区域**　长白山海拔600～800 m的道路绿化带两侧。生长在平地、缓坡地、水湿地及低洼地等区域。花期5月。
- **花粉特征**　花粉近球形，极面观三裂，圆形，直径15.7 (14～17) μm。具三沟，沟宽且浅，中部分别有圆柱状突起萌发孔。花粉表面具网状纹理，网孔大小不一。

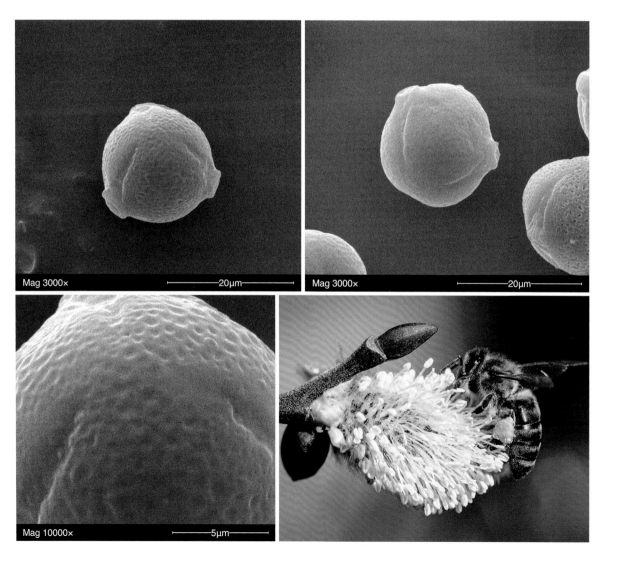

2 杨属 山杨 *Populus davidiana* Dode

- **分布区域** 长白山海拔1000～1400 m处。生长在山坡、山脊和沟谷地带，常与其他阔叶树种形成混交林。花期4～5月。
- **花粉特征** 花粉呈不规则圆球形，直径19.8 (19～23) μm。花粉表面具6条隆脊，隆脊围成的区域凹陷；花粉表面凹凸不平，形成网状构造，具小刺突及不规则突起。

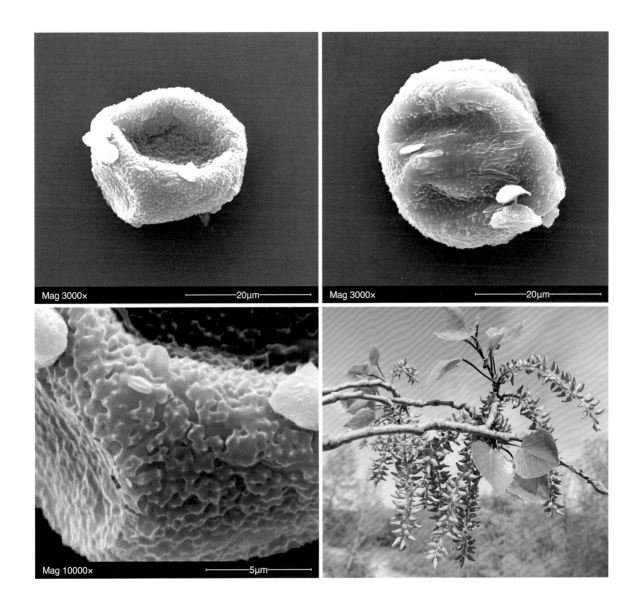

1 柳叶菜属 柳兰 *Chamerion angustifolium* (L.) Holub

- **分布区域**　长白山海拔1200～1800 m处。生长在高山草甸、河滩及砾石坡。花期7～8月。

- **花粉特征**　花粉近棱锥形六面体，花粉丝较多。极面观近三角形，每面微凹陷，凹凸不平。底边长52.6 (51～55) μm，每一底边焦点处具浅穴状凹陷。花粉表面粗糙，具颗粒状纹饰。

柳叶菜科 Onagraceae

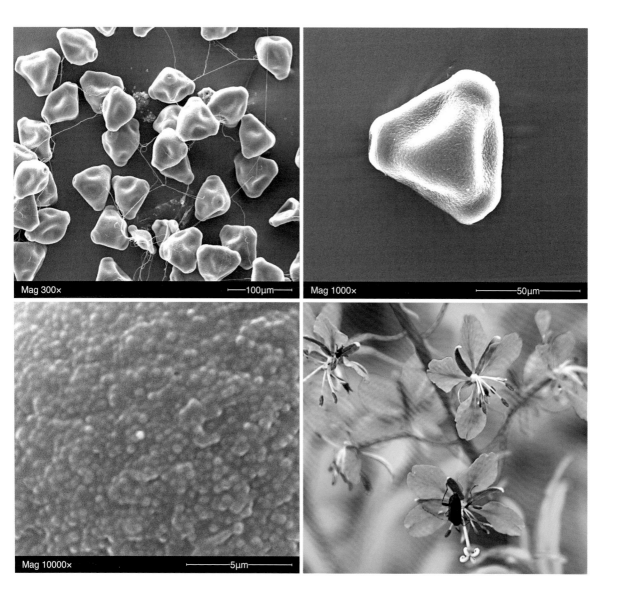

2 月见草属 黄花月见草 *Oenothera glazioviana* Micheli

- **分布区域**　长白山海拔800～1200 m处。生长在山坡、草地、林缘、灌丛及路边。花期8月。
- **花粉特征**　花粉三角形。三条边长度相等，长101.5 (99～104) μm，顶点到任意一边高为89.7 (87～93) μm。花粉厚12.1 (10～14) μm。三角形花粉3个顶点部位膨大，具穴状凹陷。花粉丝较多，花粉表面粗糙，具不规则疣状突起，突起物大小不一。

1 老鹳草属 毛蕊老鹳草 *Geranium platyanthum* Duthie

- **分布区域**　长白山海拔1600 m以下的区域。生长在林下、林缘、草地、草甸及灌丛等处。花期7～8月。
- **花粉特征**　花粉近球形，直径81.1 (79～83) µm。花粉表面粗糙，具瘤状及疣状突起，突起物大小不一，直径1.6 (1～4) µm。

牻牛儿苗科

Geraniaceae

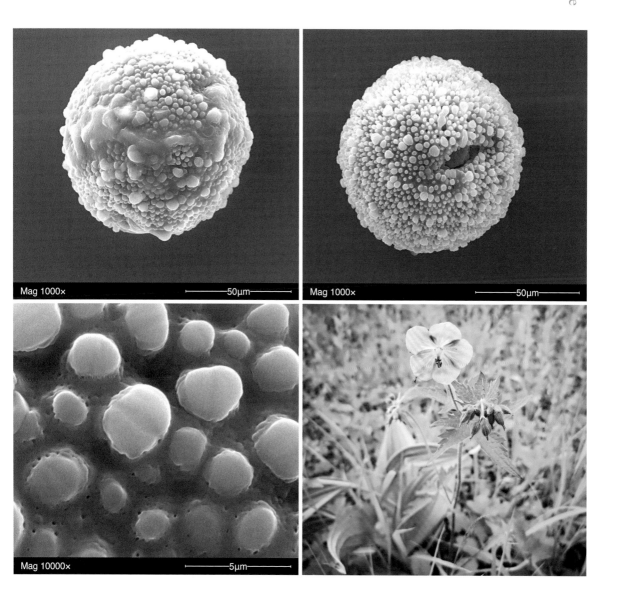

2 老鹳草属 鼠掌老鹳草 *Geranium sibiricum* L.

- **分布区域** 长白山海拔1000 m以下的区域。生长在林缘、疏灌丛、沟谷、溪流及草甸等处。花期7~8月。
- **花粉特征** 花粉扁球形。极轴长38.2 (36~41) μm，赤道轴长 69.1 (67~71) μm。花粉两极凹陷具萌发孔，孔内具乳状突起。花粉表面具疣状突起，突起物大小不一，花粉表面具较小的网孔。

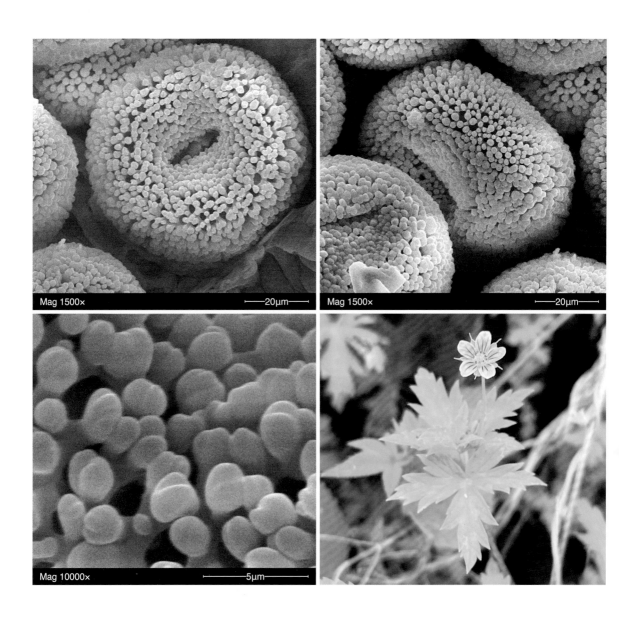

3 老鹳草属 突节老鹳草 *Geranium krameri* Franch. & Sav.

- **分布区域**　长白山海拔1200 m以下的区域。生长在草地、灌丛、林缘及路两旁等处。花期7~8月。
- **花粉特征**　花粉球形。极轴长65.3 (61~69) μm，赤道轴长92.7 (90~95) μm。花粉两极凹陷具萌发孔，孔内具乳状突起。花粉表面具疣状突起，大小不一，花粉表面具较大、较明显的网孔。

1 铁线莲属　辣蓼铁线莲
Clematis terniflora var. *mandshurica* (Rupr.) Ohwi

- **分布区域**　长白山海拔1200 m以下的区域。生长在沟谷、山坡地、林边及灌丛中。花期7～8月。
- **花粉特征**　花粉近长球形，极面观三裂，圆形。极轴长28.4 (26～31) μm，赤道轴长16.7 (15～19) μm。具三沟，沟宽，沟内膜有瘤状突起。花粉表面具刺状纹饰，刺小而钝，较密集。

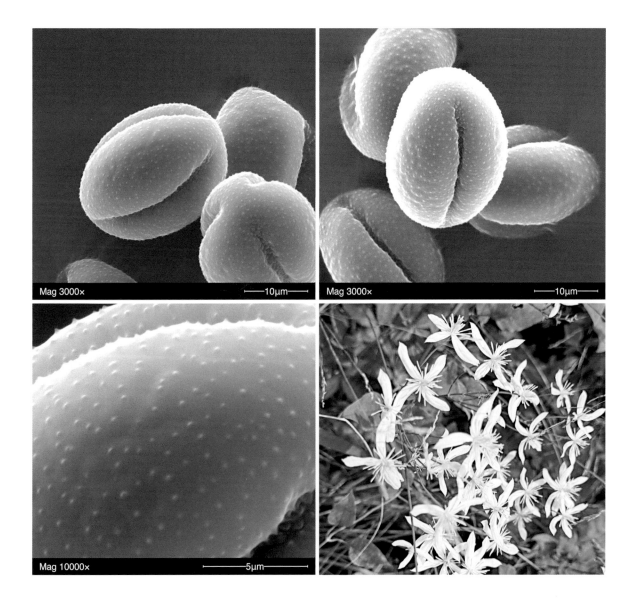

Mag 3000×　——10μm

Mag 3000×　——10μm

Mag 10000×　——5μm

2 铁线莲属 褐毛铁线莲 *Clematis fusca* Turcz.

- **分布区域** 长白山海拔600～1200 m处。生长在山坡杂草丛中及灌丛中。花期7月。

- **花粉特征** 花粉长球形，极面观圆三角形。极轴长24.3 (23～25) μm，赤道轴长18.5 (17～19) μm。具三沟，较长窄。花粉表面具微刺状纹饰，刺短，基部较小。

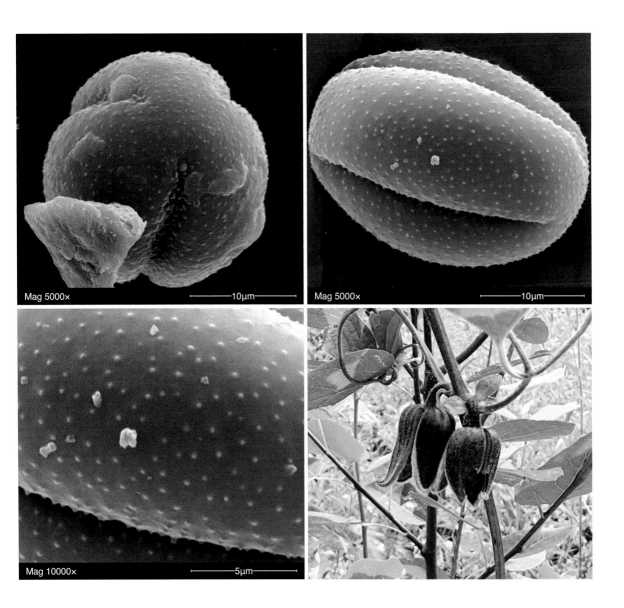

3 铁线莲属　紫花铁线莲

Clematis fusca var. *violacea* Maxim.

- **分布区域**　长白山海拔600～1200 m处。生长在山坡杂草丛及灌丛中。花期6～7月。
- **花粉特征**　花粉长球形，极面观三裂，圆形。极轴长27.2 (26～29) μm，赤道轴长22.3 (21～25) μm。具三浅沟，沟较宽，沟长不达两极。花粉表面具微刺状纹饰。

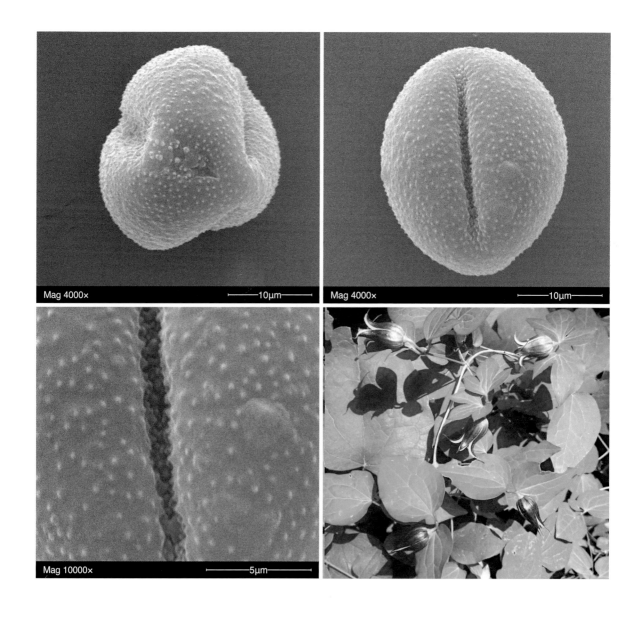

4 铁线莲属　齿叶铁线莲
Clematis serratifolia Rehder

- **分布区域**　长白山海拔600～800 m处。生长在山坡、林下、路旁及河岸石砾等阴凉处。花期8月。
- **花粉特征**　花粉长球形，极面观圆三角形。极轴长23.7 (23～25) μm，赤道轴长16.7 (16～19) μm。具三深沟，沟长不达极点，沟内膜不平滑，具突起。花粉表面被大小一致的刺状纹。

5 铁线莲属　太行铁线莲 *Clematis kirilowii* Maxim.

- **分布区域**　本种为人工栽培品种。分布于长白山海拔800 m以下的区域。野生种生长在路边、草地及山坡旁等处。花期6～7月。

- **花粉特征**　花粉长球形，极面观三裂，圆形。极轴长27.9 (26～30) μm，赤道轴长21.7 (20～23) μm。具三较长深沟。花粉表面具微刺状纹饰，刺短。

6 　铁线莲属 　西伯利亚铁线莲 *Clematis sibirica* (L.) Mill.

- **分布区域** 　长白山海拔800～1600 m处。生长在路边、草地及云杉和冷杉林内。花期7月。
- **花粉特征** 　花粉长球形，极面观三裂，圆形。极轴长21.2 (20～24) μm，赤道轴长17.1 (16～18) μm。具三深沟，几乎达极点。花粉表面具大小不一的微刺状纹饰。

7 毛茛属　白山毛茛 *Ranunculus paishanensis* Kitag.

- **分布区域**　长白山海拔1000～1800 m处。生长在林缘、林下、阴湿草地及草甸等处，岳桦林处可见生长在林下。花期7～8月。
- **花粉特征**　花粉近球形，直径36.9 (35～38) μm。具三沟，沟膜上分布有疣状突起。花粉表面具微刺状纹饰，刺短小，且有疣状突起。

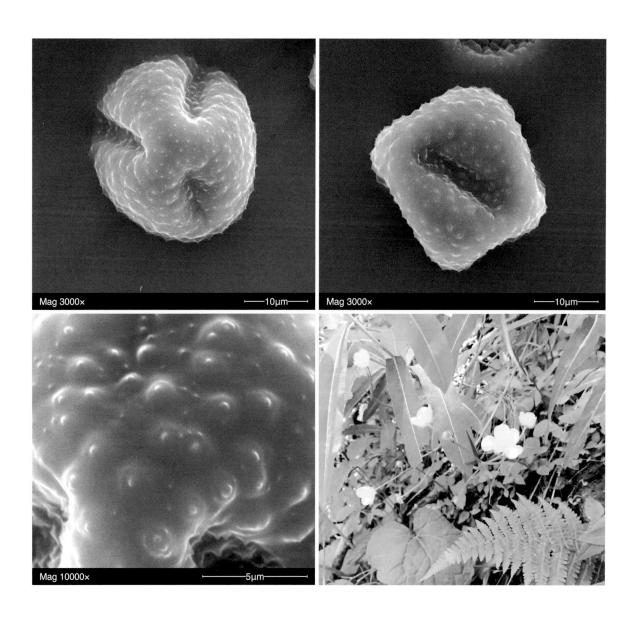

8 **毛茛属** 匍枝毛茛 *Ranunculus repens* L.

- **分布区域**　长白山海拔800 m以下的区域。生长在阴湿地等处，常生长在河岸草地、溪水边、湿地及草甸等含水量较高的区域。花期5～7月。
- **花粉特征**　花粉近球形，极面观三裂，圆形。极轴长30.7 (30～33) µm，赤道轴长23.6 (22～25) µm。具三长深沟，近达两极。沟内膜粗糙，不规则突起，具三角形长刺。花粉表面具短刺状纹饰。

9 毛茛属　毛茛 *Ranunculus japonicus* Thunb.

- **分布区域**　长白山海拔1800 m以下的区域。生长在林缘、路旁、草地及沟谷等含水量高的区域。花期7～8月。

- **花粉特征**　花粉近球形，直径33.2 (31～34) µm。花粉具散沟12条，各散沟几近连接，将花粉分割为6个长方形区域，沟内膜有颗粒状突起。花粉表面具微刺状纹饰，刺基部宽而圆，顶部较钝，分布均匀。

10　毛茛属　单叶毛茛 *Ranunculus monophyllus* Ovcz.

- **分布区域**　长白山海拔1800 m以下的区域。生长在沼泽地、溪流、水沟、池塘等水湿地旁。花期7～8月。
- **花粉特征**　花粉球形，直径25.3 (24～29) μm。花粉具散沟12条，各沟几近相连，将花粉分割为6个方形区域，沟内膜具不规则瘤状突起。花粉表面具微刺状纹饰，刺基部宽而圆，顶部较钝，分布均匀。

Mag 3000×　　　20μm　　Mag 3000×　　　20μm

Mag 10000×　　　5μm

11　银莲花属　黑水银莲花
Anemone amurensis (Korsh.) Kom.

- 分布区域　长白山海拔800 m以下的区域。生长在阔叶混交林下阴湿地及草地等处。花期6～7月。
- 花粉特征　花粉长球形，极面观三裂，圆形。极轴长29.5 (28～32) µm，赤道轴长25.1 (24～27) µm。具三深沟，沟长近达极点。花粉表面具均匀分布的短微刺状纹饰。

Mag 2000×　20µm　Mag 3000×　20µm　Mag 10000×　5µm

12 **银莲花属** 多被银莲花 *Anemone raddeana* Regel

- **分布区域** 长白山海拔800 m以下的区域。生长在阔叶混交林下阴湿地及草地等处。花期6～7月。

- **花粉特征** 花粉球形，极面观三裂，圆形。直径30.5 (29～35) μm。具六深沟，沟内具形状不规则、大小不一的疣状突起。花粉表面具均匀分布的短微刺状纹饰。

13　银莲花属　银莲花
Anemone cathayensis Kitag. ex Ziman & Kadot

- **分布区域**　长白山海拔800～1200 m处。生长在山坡草地及山谷沟边等向阳石砾坡地。花期7月。
- **花粉特征**　花粉长球形，极面观三裂，圆形。极轴长35.3 (34～37) μm，赤道轴长24.3 (24～27) μm。具三沟，沟宽，沟内膜有瘤状突起。花粉表面密被大小不一的刺状突起，刺小而锐。

14 楼斗菜属 尖萼楼斗菜
Aquilegia oxysepala Trautv. & C. A. Mey.

- **分布区域**　长白山海拔1000 m以下的区域。生长在山地杂草丛中、灌丛、林缘及草地等处。花期7～8月。
- **花粉特征**　花粉长球形，极面观三裂，圆形。极轴长26.1 (24～27) μm，赤道轴长14.8 (13～16) μm。具三沟，沟短，离两极较远，沟膜内有瘤状突起。花粉表面具微刺状纹饰，刺短，不尖锐。

15　耧斗菜属　长白耧斗菜
Aquilegia flabellata var. *pumila* Kudo

- **分布区域**　长白山海拔1400～2500 m处。生长在云杉、冷杉林下及苔原带，常与牛皮杜鹃、薹草等混生在岩石缝隙、苔藓上。花期7～8月。
- **花粉特征**　花粉形状不规则，多处不规则凹陷，凹陷部有瘤状突起。最宽处 13.4 (11～15) μm，最长处14.6 (12～16) μm。花粉表面具微刺突，刺基部较圆，刺短且较钝。

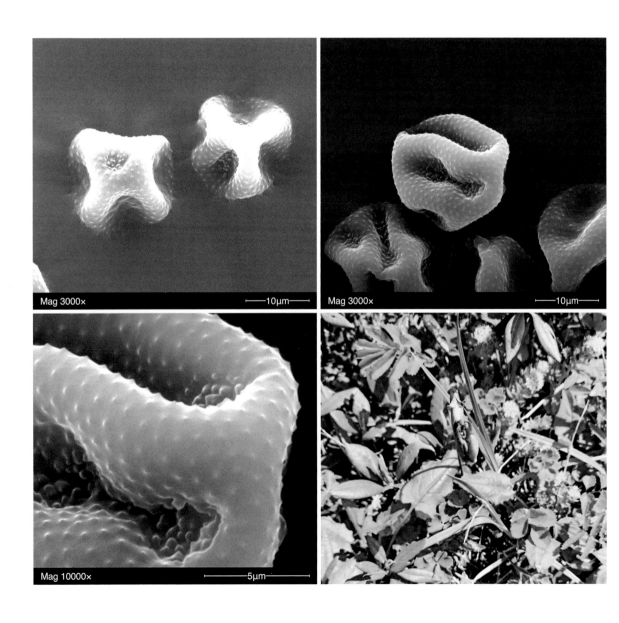

16　**耧斗菜属**　小花耧斗菜 *Aquilegia parviflora* Ledeb.

- **分布区域**　长白山海拔1000 m以下的区域。喜光，生长在宽阔的林间洼地、草地等含水量适中的区域。花期6～7月。
- **花粉特征**　花粉长球形，极面观三裂，圆形。极轴长22.6 (21～25) μm，赤道轴长15.1 (14～17) μm。具三浅沟，沟长不达极点。花粉表面具均匀分布的短微刺状纹饰。

17 唐松草属 展枝唐松草
Thalictrum squarrosum Stephan ex Willd.

- **分布区域** 长白山海拔800～1600 m处。生长在阴湿地、林下及林缘坡地等区域。花期7～8月。
- **花粉特征** 花粉长球形，极面观六裂，圆形。极轴长66.2 (65～68) μm，赤道轴长61.4 (58～63) μm。沟较窄，长度不均一。花粉表面具短刺状纹饰，刺基部较小，排列密集。

18 唐松草属　唐松草
Thalictrum aquilegiifolium var. *sibiricum* Regel & Tiling

- **分布区域**　长白山海拔1800 m以下的区域。生长在林下、林缘、草甸及山坡等相对开阔的区域。花期7～8月。
- **花粉特征**　花粉长球形，极面观三裂，圆形。极轴长42.6 (41～44) μm，赤道轴长21.5 (19～23) μm。具三沟，较长窄。花粉表面具微刺状纹饰，刺短，基部较小。

19　**唐松草属**　散花唐松草
Thalictrum sparsiflorum Turcz. ex Fisch. & C. A. Mey.

- 分布区域　长白山海拔600～1400 m处。生长在山坡、草地、林缘及林中。花期6～7月。

- 花粉特征　花粉呈多面体，近球状，直径20.7 (19～22) μm。花粉表面具微刺状纹饰，具凹陷，内部具小疣状突起。

20　乌头属　北乌头 *Aconitum kusnezoffii* Rehder

- **分布区域**　长白山海拔800～1200 m处。生长在阔叶混交林、红松阔叶林缘、林下、山坡及草地等湿润的区域。花期7～8月。

- **花粉特征**　花粉长球形，极面观圆三角形。极轴长37.4 (36～39) μm，赤道轴长18.7 (17～21) μm。具三深沟，沟内具不规则疣状突起，中间赤道至两极逐渐收窄。花粉表面具微刺状纹饰。

21　乌头属　宽叶蔓乌头 *Aconitum sczukinii* Turcz.

- 分布区域　长白山海拔1000 m以下的区域。生长在山坡草地、低矮灌丛、沙地及坡地等处。花期7～8月。

- 花粉特征　花粉长球形，花粉极面观三裂，圆形。极轴长34.6 (33～37) μm，赤道轴长20.9 (18～22) μm。具三深沟，沟长不达极点，沟内壁具不规则疣状突起。花粉表面具微刺状纹饰。

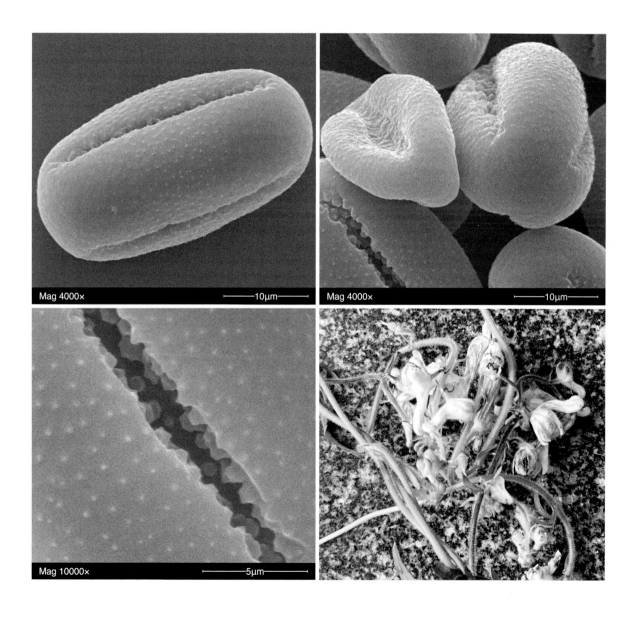

22 类叶升麻属 单穗升麻

Actaea simplex (DC.) Wormsk. ex Fisch. & C. A. Mey.

- **分布区域** 长白山海拔1800 m以下的区域，高山花园常见。生长在灌丛、草地及草甸等湿地内。花期7～8月。
- **花粉特征** 花粉长球形，极面观三裂，圆形。极轴长39.6 (37～41) μm，赤道轴长30.3 (29～32) μm。具三沟，沟长，几乎到达两极。花粉表面具刺状纹饰，刺钝而小。

23 驴蹄草属 驴蹄草 *Caltha palustris* L.

- **分布区域**　长白山海拔600～1400 m处。生长在沟谷、河边、溪水旁、草甸湿地及林下阴暗潮湿的土壤中。花期6～7月。

- **花粉特征**　花粉近长球形，极面观三裂，圆形。极轴长45.4 (43～47) μm，赤道轴长21.6 (21～24) μm。具三沟，沟内膜有皱网状突起。花粉表面具短刺状纹饰，刺钝，着生较密，较短。

24 　**金莲花属**　长白金莲花　*Trollius japonicus* Miq.

- **分布区域**　长白山海拔1200～2300 m处。生长在林下阴湿地、草甸、林缘、沟谷、溪流、低洼地等含水量高的区域。花期7～8月。
- **花粉特征**　花粉长球形。极轴长26.7 (25～29) μm，赤道轴长19.4 (18～22) μm，两极平圆。具三宽沟，沟内膜具疣状突起。花粉表面具微刺状纹饰，刺短，基部较小。

25　**拟扁果草属**　拟扁果草 *Enemion raddeanum* Regel

- **分布区域**　长白山海拔1000 m以下的区域。生长在阔叶林内及林缘等阴湿地。花期6月。
- **花粉特征**　花粉长球形，极面观三裂，圆形。极轴长26.6 (26～28) μm，赤道轴长14.7 (14～16) μm。具三沟，较长且宽，沟内具小疣状突起。花粉表面具微刺状纹饰，刺短，基部较小。

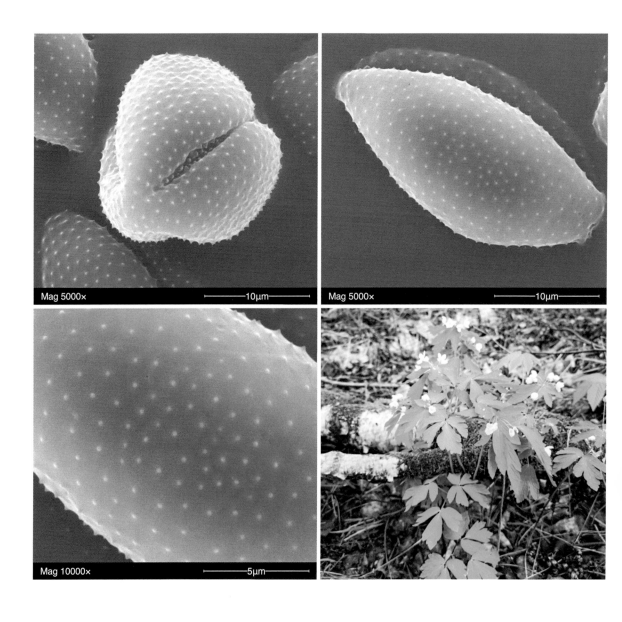

26 翠雀属 宽苞翠雀花 *Delphinium maackianum* Regel

- **分布区域** 长白山海拔600～1000 m处。生长在山坡草地、低矮灌丛、沙地及坡地等处。花期6～7月。

- **花粉特征** 花粉长球形，极面观三裂，圆形。极轴长35.8 (34～38) μm，赤道轴长15.5 (14～18) μm。具三浅沟，沟较窄，沟长不达两极。花粉表面具微刺状纹饰。

27　侧金盏花属　侧金盏花 *Adonis amurensis* Regel & Radde

- **分布区域**　长白山海拔1000 m以上的区域。常见于山坡或山脚的灌丛间、阔叶林下及林缘地上、腐殖质多的湿润土壤，喜阴凉区域。花期4月。
- **花粉特征**　花粉长球形，极面观三裂，圆形。极轴长37.9 (36～40) μm，赤道轴长24.4 (23～26) μm。具三深沟，沿中间至两极逐渐变宽。花粉表面具网状纹饰，网脊上遍布小刺突，网孔形状及大小不一。

1　**丁香属**　暴马丁香 *Syringa reticulata* subsp. *amurensis* (Rupr.) P. S. Green & M. C. Chang

- **分布区域**　长白山海拔600～1200 m处。生长在阔叶林内、林缘、草地及沟边等处。花期7月。
- **花粉特征**　花粉橄榄形，极面观三裂，圆形。极轴长42.4 (41～44) μm，赤道轴长28.2 (27～30) μm。具三沟，沟较深。花粉表面具粗网状纹饰，网脊较高，脊上具小疣状突起，网孔大。

木樨科 Oleaceae

2 丁香属 辽东丁香 *Syringa villosa* subsp. *wolfii* (C. K. Schneid.) Jin Y. Chen & D. Y. Hong

- **分布区域** 长白山海拔1400 m以下的区域。生长在山脚、路旁、草地及林缘等处。花期6～7月。
- **花粉特征** 花粉长球形，极面观三裂，圆形。极轴长33.4 (32～35) μm，赤道轴长27.1 (26～28) μm。具三沟，沟较深。花粉表面具粗网状纹饰，网脊较高且光滑，网孔大且形状不规则。

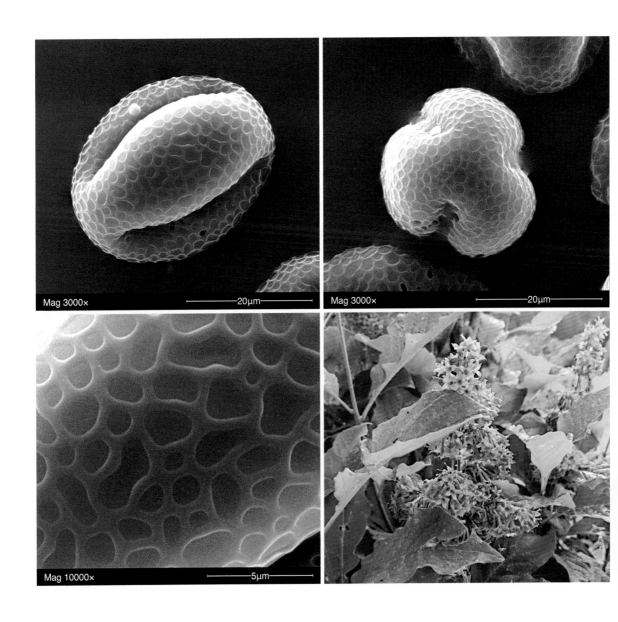

Mag 3000×　20μm　　Mag 3000×　20μm　　Mag 10000×　5μm

3 丁香属 紫丁香 *Syringa oblata* Lindl.

- **分布区域** 长白山海拔1800 m以下的区域。常伴生于其他林间，喜山坡、溪水旁、路边及池水边。花期5月。
- **花粉特征** 花粉近球形，极面观三裂，圆形。极轴长32.3 (31～35) μm，赤道轴长28.9 (27～31) μm。具三沟，沟较深，沟长近达极点。花粉表面具粗网状纹饰，网孔深且不规则，网脊光滑。

4 连翘属 东北连翘 *Forsythia mandschurica* Uyeki

- **分布区域** 长白山海拔600～1200 m处。生长在阔叶林内、林缘、草地、沟边等处。花期7月。
- **花粉特征** 花粉长球形，极面观三裂，圆形，两极平圆。极轴长24.7 (23～29) μm，赤道轴长15.2 (14～17) μm。具三沟，沟较长，延伸到两极，中部有明显突起。花粉表面具网状纹饰，网脊较浅，网孔较大。

1 拉拉藤属 蓬子菜 *Galium verum* L.

茜草科 Rubiaceae

- **分布区域**　长白山海拔1200 m以下的区域。生长在草甸、山坡、山地、林缘及灌丛中。花期7~8月。
- **花粉特征**　花粉长球形，极面观七裂，近圆形。极轴长13.7 (13~15) μm，赤道轴长18.8 (18~23) μm。具七沟，沟较短。花粉表面具微刺状纹饰，刺小而钝，密集排列。

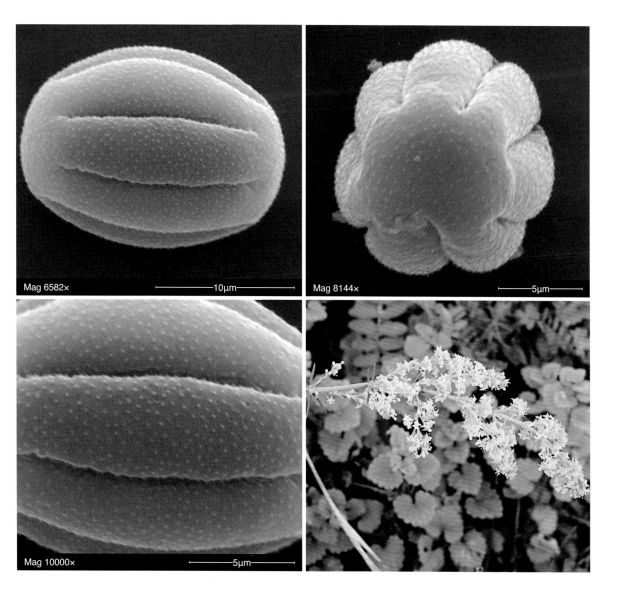

Mag 6582×　　10μm

Mag 8144×　　5μm

Mag 10000×　　5μm

2 茜草属 茜草 *Rubia cordifolia* L.

- 分布区域　长白山海拔800 m以下的区域。生长在沟边、路旁及林下草地等处。花期8月。
- 花粉特征　花粉长球形，极面观四裂，近圆形。极轴长20.7 (19～22) μm，赤道轴长14.7 (12～16) μm。具四沟，沟较长。花粉表面具微刺状纹饰，刺钝小，密集排列。

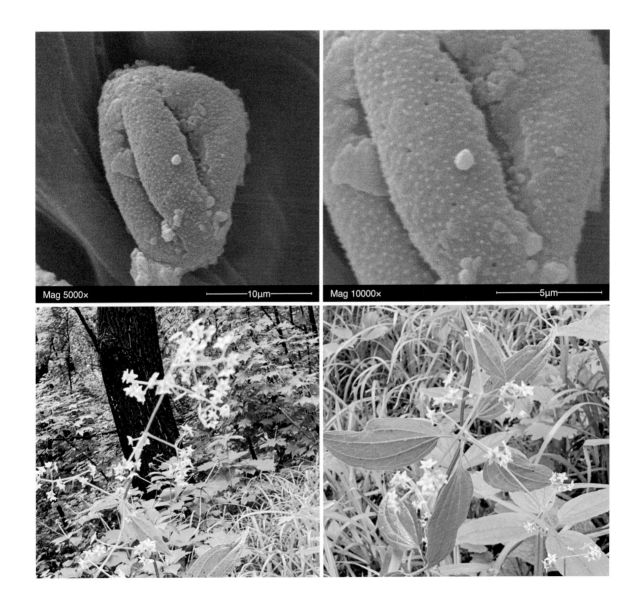

1 地榆属　地榆 *Sanguisorba officinalis* L.

- **分布区域**　长白山海拔1000 m以下的区域。生长在灌丛中、山坡草地、草原、草甸及疏林下。花期7～8月。

- **花粉特征**　花粉长球状，似陀螺形，极面观六裂，圆形。极轴长21.2 (20～23) μm，赤道轴长15.6 (14～17) μm。沿赤道轴花粉形成南北两半球，每半球花粉表面具6条沟，沟长不达极点。花粉表面具短刺状纹饰，刺小而密集。

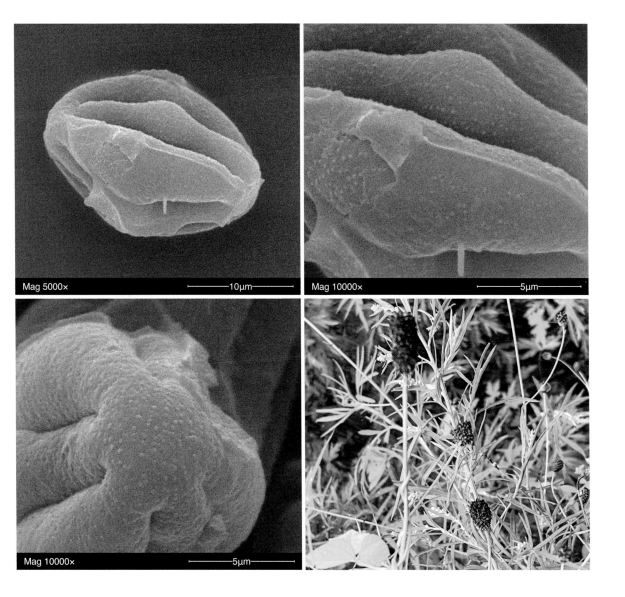

Mag 5000×　　10μm

Mag 10000×　　5μm

Mag 10000×　　5μm

2 地榆属　小白花地榆
Sanguisorba tenuifolia var. *alba* Trautv. & C. A. Mey.

- **分布区域**　长白山海拔600～2300 m处。生长在湿润水湿地、岩石旁边、河沟、溪流两侧及苔原带苔藓上。
- **花粉特征**　花粉球状，似陀螺形，极面观六裂，圆形。极轴长22.3 (22～24) μm，赤道轴长22.1 (21～23) μm。沿赤道轴花粉形成南北两半球，每半球花粉表面具6条沟，沟长不达极点。花粉表面具短刺状纹饰，刺小而密集。

3 地榆属 大白花地榆 *Sanguisorba stipulata* Raf.

- **分布区域** 长白山海拔1400～2400 m处。生长在林下、林缘、草甸、灌丛、沟谷及溪流附近等阴湿地。花期7～8月。
- **花粉特征** 花粉长球形，极面观六裂，圆形，两极平圆。极轴长41.6 (39～44) μm，赤道轴长30.5 (28～32) μm。具六沟，沟较窄，沟长不达极点。花粉表面具颗粒状突起和浅穴状凹陷纹饰。

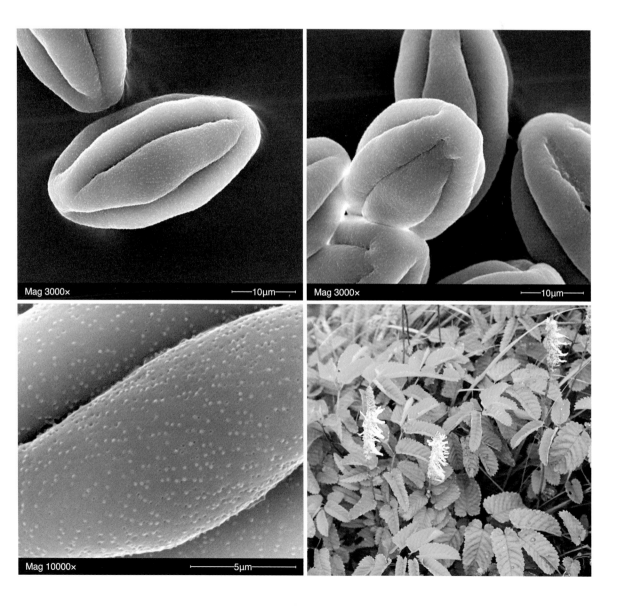

4 蔷薇属 粉团蔷薇 *Rosa multiflora* var. *cathayensis* Rehder & E. H. Wilson in Sarg.

- 分布区域 长白山海拔800~1300 m处。生长在阔叶混交林下及岩石缝隙等处。花期7~8月。
- 花粉特征 花粉长球形，极面观三裂，圆形。极轴长63.6 (61~65) μm，赤道轴长29.2 (27~31) μm。具三沟，沟较长，延伸到两极。花粉表面具条纹状纹饰及小穴状凹陷。

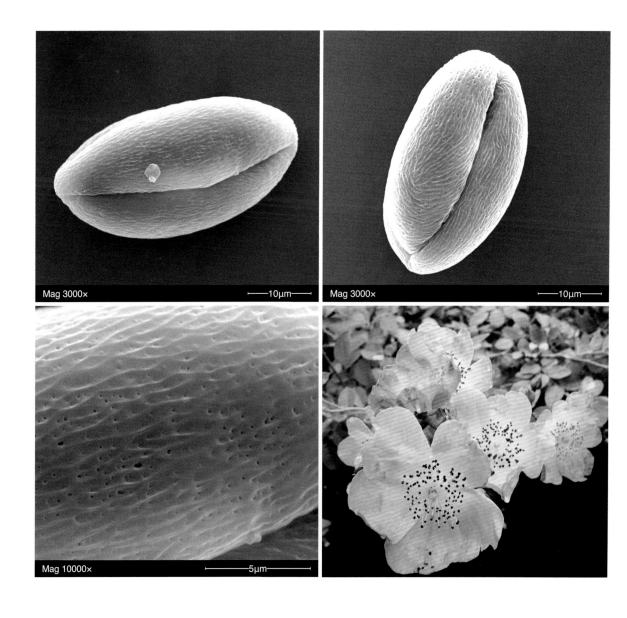

5 蔷薇属 黄刺玫 *Rosa xanthina* Lindl.

- **分布区域** 本种为人工栽培品种。分布于长白山海拔800 m以下的区域。野生种生长在道路两旁及山坡地等处。花期7～8月。

- **花粉特征** 花粉橄榄形，极面观三裂，圆形。极轴长62.1 (61～64) μm，赤道轴长30.6 (29～33) μm。具三沟，沟长窄，近两极。花粉表面具交错条纹，纹理清晰。

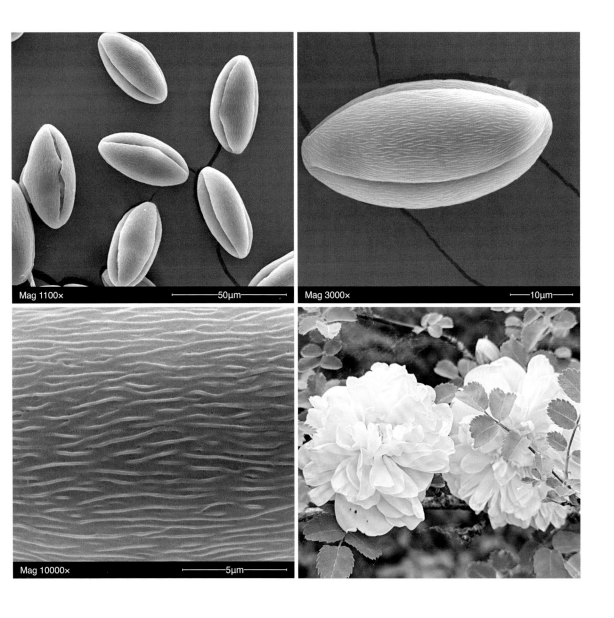

6 蔷薇属 山刺玫 *Rosa davurica* Pall.

- **分布区域** 长白山海拔1400 m以下的区域。生长在林缘、草地及疏林地等区域。花期6～7月。
- **花粉特征** 花粉长球形，极面观近圆形。极轴长23.5 (21～24) μm，赤道轴长11.2 (9～13) μm。具三沟，沟狭，沟长近极点。花粉表面具浅穴状纹饰。

7 薔薇属　光叶刺玫蔷薇

Rosa davurica var. *alpestris* (Nakai) Kitag.

- **分布区域**　长白山海拔800～1600 m处。生长在林下、林缘、山谷及其他阔叶林下。花期6～7月。
- **花粉特征**　花粉长球形，极面观三裂，圆形。极轴长37.6 (37.3～38.6) μm，赤道轴长22.5 (21.7～23.1) μm。具三沟，沟狭窄，极点较钝。花粉表面具交错条纹及浅穴状凹陷。

8 蔷薇属 长白蔷薇 *Rosa koreana* Kom.

- 分布区域　长白山海拔800～1500 m处。生长在山坡林荫地、沟谷及岩石缝隙等处。花期7～8月。

- 花粉特征　花粉超长球形，极面观三裂，圆形。极轴长53.7 (52～55) μm，赤道轴长21.4 (19～22) μm。具三孔沟。花粉表面具条网状纹饰及近圆形穴状小孔。

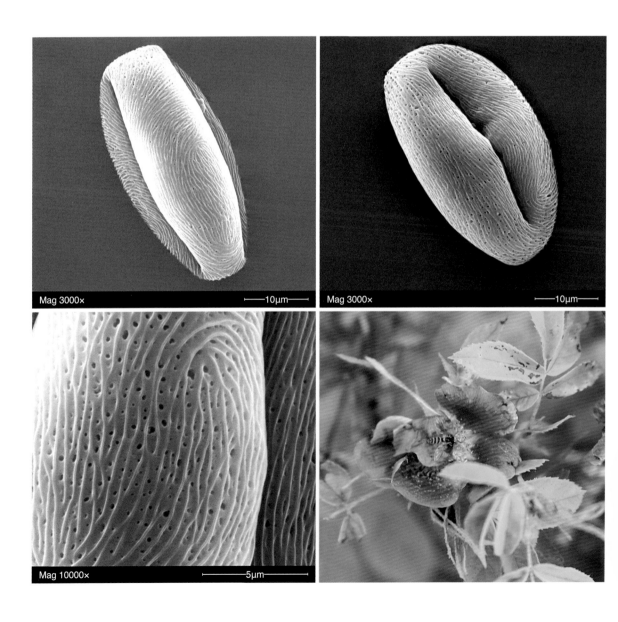

Mag 3000×　　　10μm

Mag 3000×　　　10μm

Mag 10000×　　　5μm

9 蔷薇属 玫瑰 *Rosa rugosa* Thunb.

- **分布区域** 长白山海拔1600m以下的区域。生长在山坡、林缘、路旁及沟谷或灌丛中。花期6月。
- **花粉特征** 花粉长球形，极面观三裂，圆形。极轴长38.7 (37~40) μm，赤道轴长18.6 (17~20) μm。具三沟，沟狭窄，极点较钝。花粉表面具交错条纹及小穴状纹饰。

Mag 3000×   20μm

Mag 5000×   10μm

Mag 10000×   5μm

10 蔷薇属 刺蔷薇 *Rosa acicularis* Lindl.

- **分布区域**　长白山海拔1800 m以下的区域。生长在山坡、林下、林缘及岩石缝隙等向阳坡处，以及灌丛、沟谷及路旁等。花期6～7月。
- **花粉特征**　花粉超长球形，极面观三裂，圆形。极轴长46.9 (46～48) μm，赤道轴长21.4 (19～22) μm。具三孔沟，中间内孔外突。花粉表面具条网状纹饰及近圆形穴状小孔。

Mag 2500×　　　20μm

Mag 5000×　　　10μm

Mag 10000×　　　5μm

11 委陵菜属　雪白委陵菜 *Potentilla nivea* L.

- **分布区域**　长白山海拔1000～1800 m处。生长在高山灌丛边、山坡草地及沼泽边缘。花期6～7月。

- **花粉特征**　花粉长球形，极面观三裂，圆形。极轴长21.6 (19～22) μm，赤道轴长15.3 (13～16) μm。具三孔沟，内孔外突。花粉表面具条纹状纹饰及近圆形凹陷状小孔。

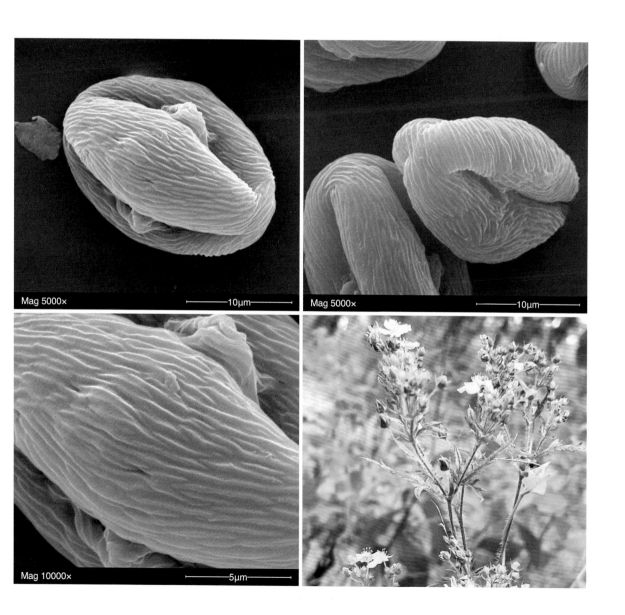

12 委陵菜属　朝天委陵菜 *Potentilla supina* L.

- **分布区域**　长白山海拔1800 m以下的区域。生长在林下、林缘、沟谷及山坡草地等水湿地处。花期7～8月。
- **花粉特征**　花粉长球形，极面观三裂，圆形。极轴长56.5 (53～59) μm，赤道轴长22.3 (20～24) μm。具三深沟，沟狭长，近达极点。花粉表面具交错条纹及少量浅穴。

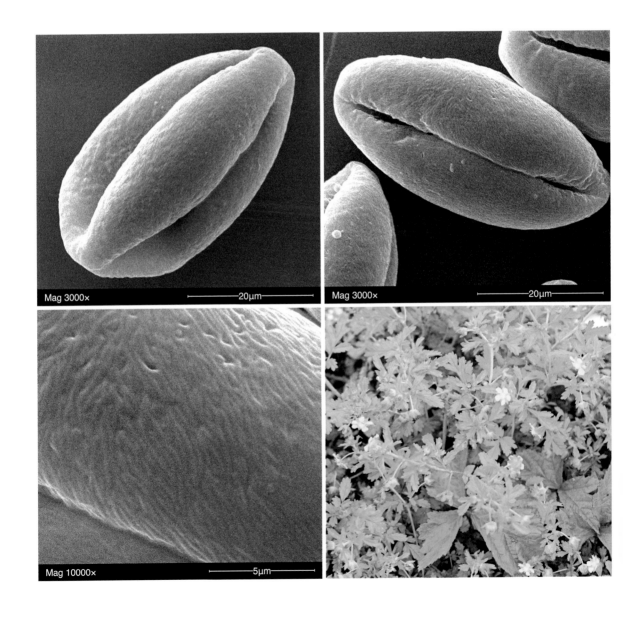

13 委陵菜属 蛇含委陵菜 *Potentilla kleiniana* Wight & Arn.

- **分布区域** 长白山海拔800 m以下的区域。生长在山坡、草地、开阔地、河岸和沟旁等处。花期5～6月。
- **花粉特征** 花粉长球形，极面观三裂，圆形。极轴长31.1 (30～34) μm，赤道轴长16.8 (16～20) μm。具三沟，沟内膜突出隆起，沟长不达极点。花粉表面具两极走向的近平行条纹。

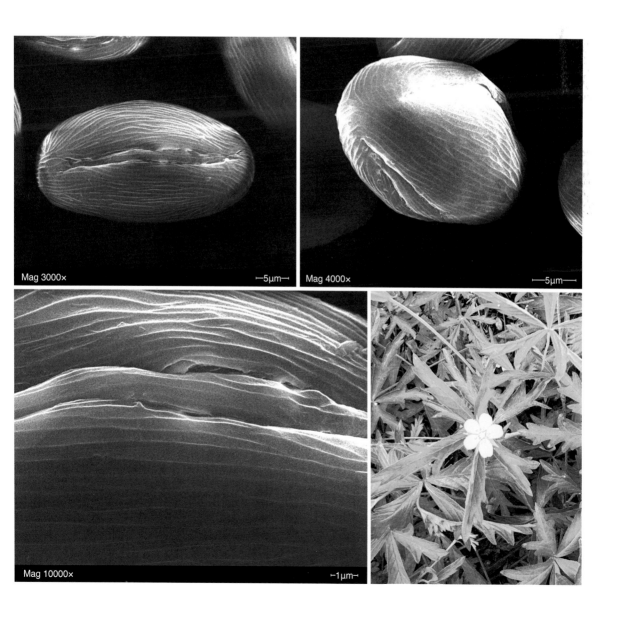

14 委陵菜属　三叶委陵菜 *Potentilla freyniana* Bornm.

- **分布区域**　长白山海拔1600 m以下的区域。生长在山坡草地、溪水边及疏林下阴湿处。花期5月。

- **花粉特征**　花粉长球形，极面观三裂，圆形。极轴长33.5 (32～35) μm，赤道轴长17.1 (16～19) μm。具三沟，内孔外突。花粉表面具不规则条纹状纹饰。

15　委陵菜属　莓叶委陵菜 *Potentilla fragarioides* L.

- **分布区域**　长白山海拔600～1600 m处。生长在灌丛、草地、林缘、林下、沟谷及溪流两侧等区域。花期5～6月。
- **花粉特征**　花粉长球形，极面观三裂，圆形。极轴长39.5 (37～42) μm，赤道轴长21.3 (19～23) μm。具三沟，由赤道至两极沟逐渐变浅，沟长不达极点。花粉表面具两极走向的近平行条纹。

16　委陵菜属　狼牙委陵菜 *Potentilla cryptotaeniae* Maxim.

- 分布区域　长白山海拔1000～1600 m处。生长在沟谷、草地、草甸、林缘等水湿地处。花期7～8月。
- 花粉特征　花粉长球形，极面观三裂，圆形，两极平圆。极轴长24.6 (23～27) μm，赤道轴长14.2 (13～17) μm。具三沟，沟长近达极点，沟中部有明显不规则突起。花粉表面具纵横交错隆起分布的条纹。

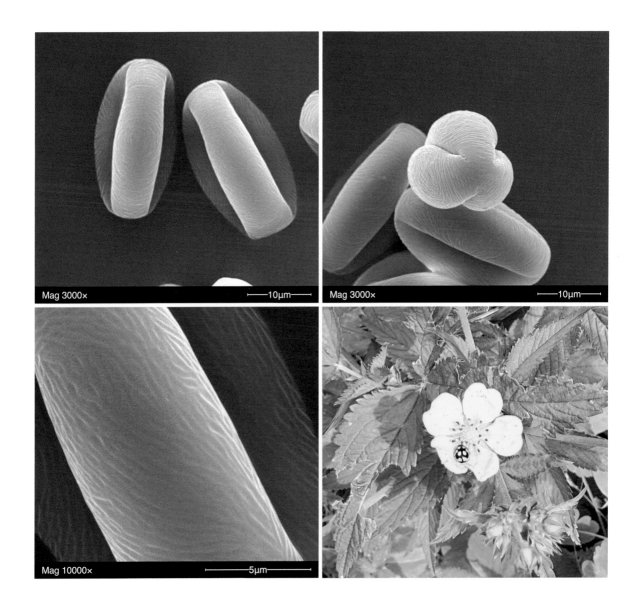

17 **绣线菊属** 绣线菊 *Spiraea salicifolia* L.

- **分布区域**　长白山海拔800 m以下的区域。生长在沟边、溪水旁、山坡草地等处。花期7~8月。
- **花粉特征**　花粉超长球形，极面观三裂，圆形，两极较钝。极轴长14.6 (13~16) μm，赤道轴长10.3 (9~12) μm。具三沟。花粉表面具交叉条纹，有小型穴状凹陷。

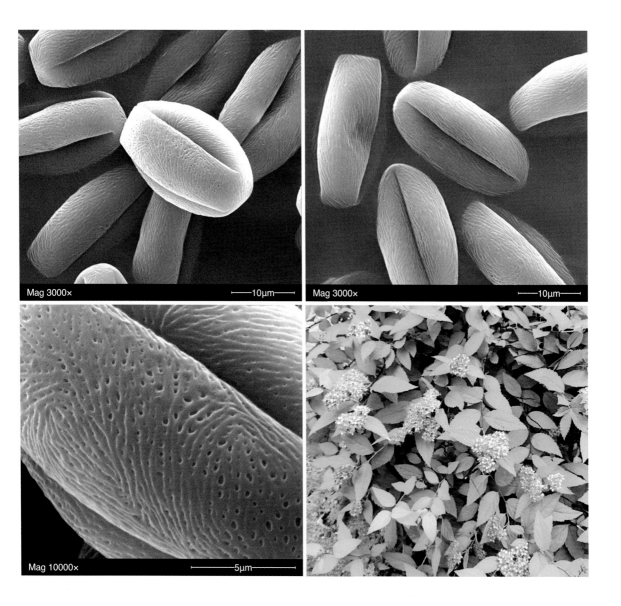

18 绣线菊属　土庄绣线菊 *Spiraea ouensanensis* H. Lév.

- **分布区域**　长白山海拔1800 m以下的区域。生长在干燥岩石坡地、向阳或半阴处及杂木林内。花期6月。
- **花粉特征**　花粉近球形，极面观有3个均匀分布的圆柱状突起，直径10.4 (9～13) μm。具三沟，沟膜近光滑。花粉表面具不规则条纹状纹饰。

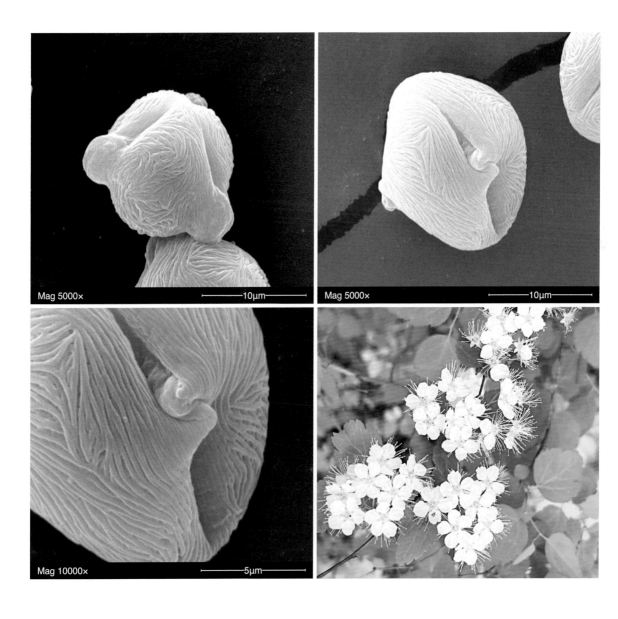

19　绣线菊属　金山绣线菊 *Spiraea japonica* 'Gold Mound'

- **分布区域**　本种为人工栽培品种。分布于长白山海拔600m以下的区域。野生种生长在路旁、山坡及沟谷等区域。花期6~7月。
- **花粉特征**　花粉长球形，极面观三裂，圆形。极轴长19.2 (18~21) μm，赤道轴长11.7 (10~13) μm。具三沟，内孔外突。花粉表面具不规则网状纹饰及大小不一的穴状孔。

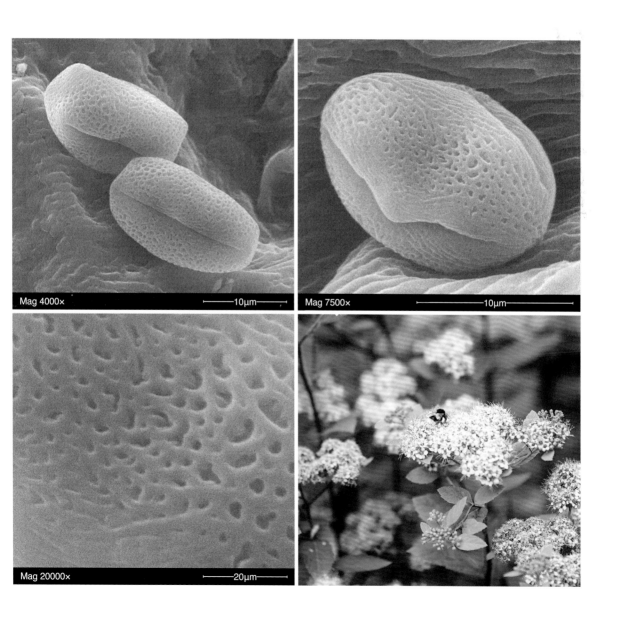

20 绣线菊属 珍珠绣线菊
Spiraea thunbergii Siebold ex Blume

- **分布区域** 本种为人工栽培品种。分布于长白山海拔600 m以下的区域。野生种生长在道路两侧及山坡草地等处。花期6～7月。
- **花粉特征** 花粉近球形，极面观三裂，圆形，具3个均匀分布的圆柱状突起，直径13.2 (11～15) μm。具三沟，沟膜近光滑。花粉表面具不规则条纹状纹饰，穴状孔明显。

Mag 6000×　　　　10μm

Mag 10000×　　　　5μm

Mag 10000×　　　　5μm

21 李属 东北李 *Prunus ussuriensis* Kovalev & Kostina

- **分布区域** 长白山海拔1000 m以下的区域。生长在阔叶混交林内及林缘等处。花期5月。
- **花粉特征** 花粉长球形，极面观三裂，近圆形。极轴长44.2 (43～46) μm，赤道轴长22.8 (22～24) μm。具三沟，沟较窄，沟长不达极点。花粉表面具沿极轴方向延伸的纵行条纹，表面具穴状孔。

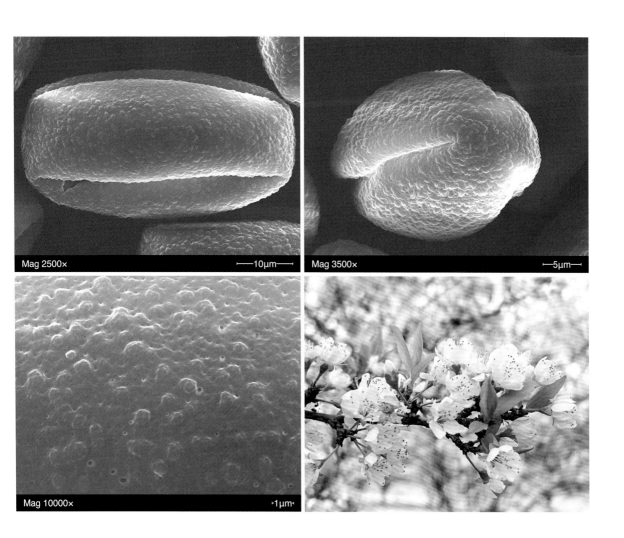

Mag 2500× ——10μm

Mag 3500× ——5μm

Mag 10000× ·1μm

22 李属 红山桃 *Prunus davidiana* f. *rubra* (Bean) Rehd.

- 分布区域　长白山海拔800 m以下的区域。生长在阔叶混交林的山坡、山谷、沟底、疏林、灌丛及林缘等处。花期4～5月。
- 花粉特征　花粉长球形，极面观三裂，近圆形。极轴长56.4 (54～57) μm，赤道轴长26.3 (25～28) μm。具三沟。花粉表面具纵横交错分布的条纹，纹理间具大小不一的穴状孔。

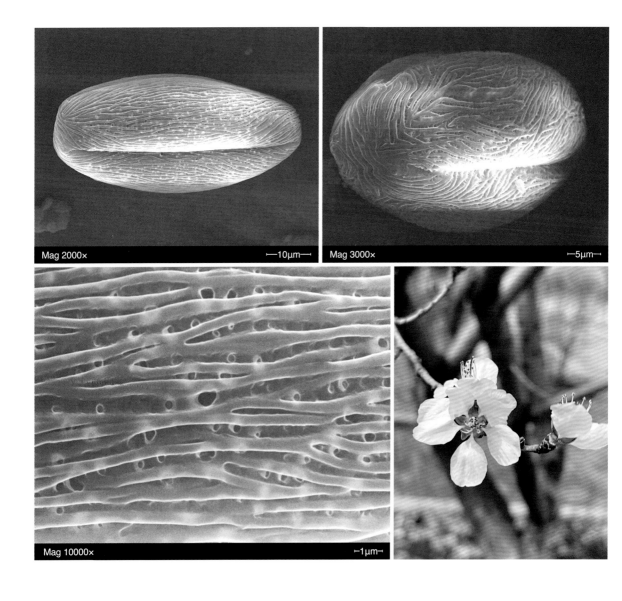

23 李属 毛樱桃 *Prunus tomentosa* Thunb.

- **分布区域** 长白山海拔1600 m以下的区域。生长在林缘、沟谷、灌丛、草地等处。花期5月。
- **花粉特征** 花粉超长球形，极面观三裂，圆形。极轴长43.6 (42～45) μm，赤道轴长22.1 (21～24) μm。具三深沟，沟较长。花粉表面具两极走向的平行条纹和大小不一的穴状孔。

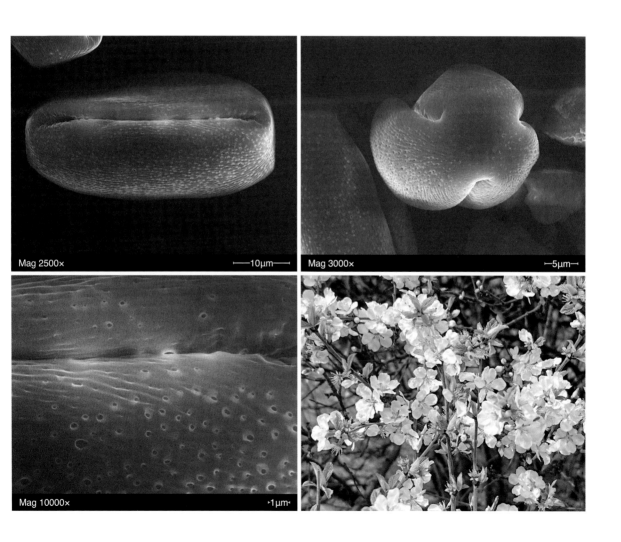

24 苹果属 海棠花 *Malus spectabilis* (Ait.) Borkh.

- **分布区域** 本种为人工栽培品种。分布于长白山海拔800 m以下的区域。野生种生长在山坡及路旁。花期7～8月。
- **花粉特征** 花粉长球形，极面观三裂，圆形。极轴长24.7 (23～29) μm，赤道轴长15.2 (14～17) μm。具三沟，沟较长，延伸到两极，中部有明显突起。花粉表面具网状纹饰，网脊较浅，网眼较大。

25 **苹果属** 山荆子 *Malus baccata* (L.) Borkh.

- **分布区域**　长白山海拔1500 m以下的区域。生长在杂木林内、林缘及山谷灌丛等处。花期6月。
- **花粉特征**　花粉超长球形，极面观三裂，圆形。极轴长59.4 (58~61) μm，赤道轴长25.7 (24~27) μm。具三沟，沟狭窄，极点较钝。花粉表面具交错条纹。

Mag 2500×　——20μm

Mag 2721×　——10μm

Mag 10000×　——5μm

26 苹果属 山楂海棠 *Malus komarovii* (Sarg.) Rehder

- **分布区域** 长白山特有物种。分布于长白山海拔1100～1300 m处。生长在高山草甸、草地及林缘等处。花期5～6月。

- **花粉特征** 花粉长球形，极面观三裂，圆形。极轴长63.1 (61～64) μm，赤道轴长21.6 (19～23) μm。具三沟，极点较钝。花粉表面具不规则波状纹饰。

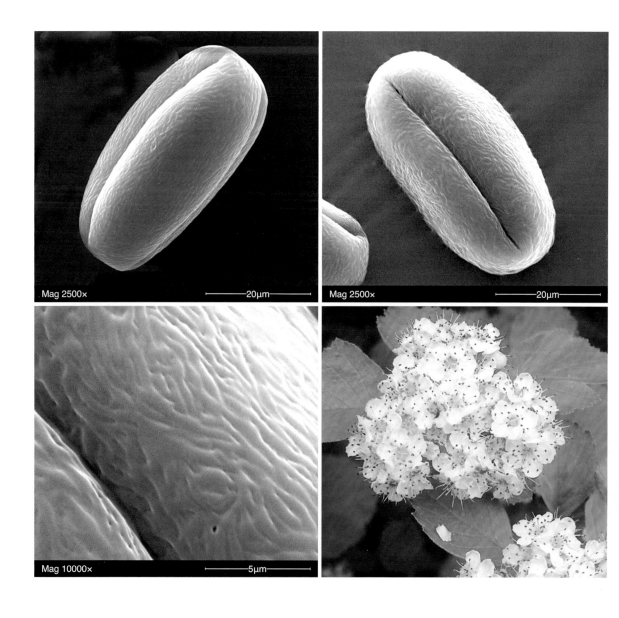

27　梨属　秋子梨 *Pyrus ussuriensis* Maxim.

- **分布区域**　长白山海拔1200 m以下的区域。生长在阔叶混交林内及林缘等处。花期5月。

- **花粉特征**　花粉长球形，极面观三裂，近圆形。极轴长70.8 (69～73) μm，赤道轴长25.4 (24～27) μm。具三沟，沟较窄，沟长不达极点。花粉表面纵向条纹交错，具双重条纹。

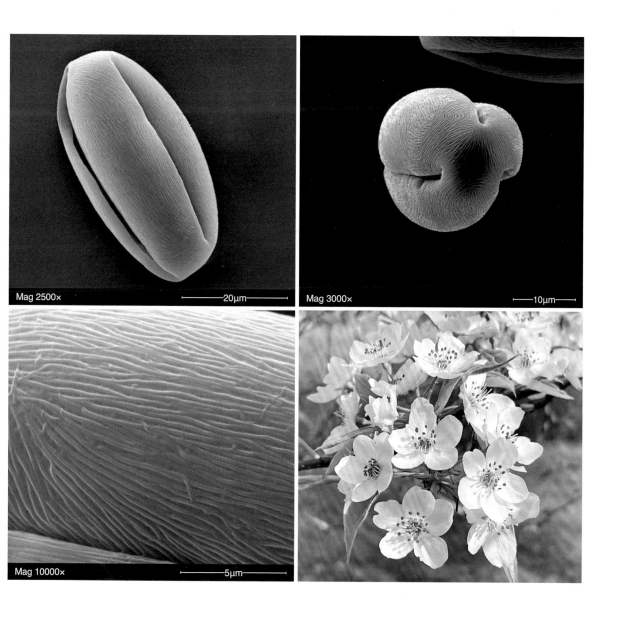

28 **山楂属** 山楂 *Crataegus pinnatifida* Bunge

- **分布区域** 长白山海拔1000 m以下的区域。生长在阔叶混交林内、路旁、林缘、河边等地。花期5~6月。
- **花粉特征** 花粉近长球形，极面观近三裂，圆形。极轴长45.6 (44~47) μm，赤道轴长21.1 (20~23) μm。具三沟，沟较长，近达极点。花粉表面具不规则凹坑和穴状孔。

29 桃属 重瓣榆叶梅 *Amygdalus triloba* 'Multiplex'

- **分布区域**　长白山海拔800 m以下的区域。生长在路旁、沟谷、草地及灌丛等处。花期5月。
- **花粉特征**　花粉超长球形，极面观三裂，圆形。极轴长39.2 (38～42) μm，赤道轴长16.5 (16～18) μm。具三沟，由赤道至两极沟深逐渐变浅。花粉表面具粗条纹状纹饰。

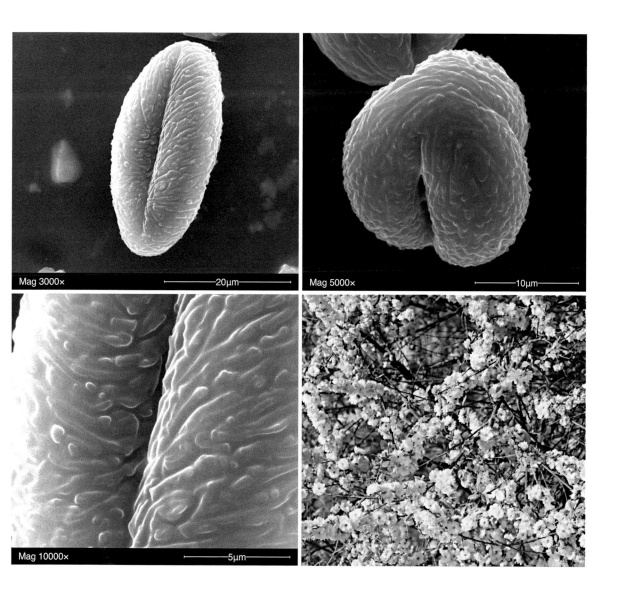

30　杏属　东北杏 *Armeniaca mandshurica* (Maxim.) Koehne

- **分布区域**　长白山海拔1400 m以下的区域。生长在山坡林地及林缘，与其他阔叶树种混生在杂木林内。花期4～5月。
- **花粉特征**　花粉近长球形，极面观三裂，近圆形，花粉两极突起程度不一。极轴长36.4 (35～38) μm，赤道轴长24.2 (23～26) μm。具三沟，沟狭长。花粉表面具条纹。

31　金露梅属　金露梅 *Dasiphora fruticosa* (L.) Rydb.

- **分布区域**　长白山南坡海拔1800～2300 m处。生长在苔原带草甸及石砾等处。花期7～8月。
- **花粉特征**　花粉近球形，直径29.1 (28～32) μm。具三沟，沟长达两极。花粉表面具网状纹饰，网眼大，网孔在花粉表面呈凹陷。

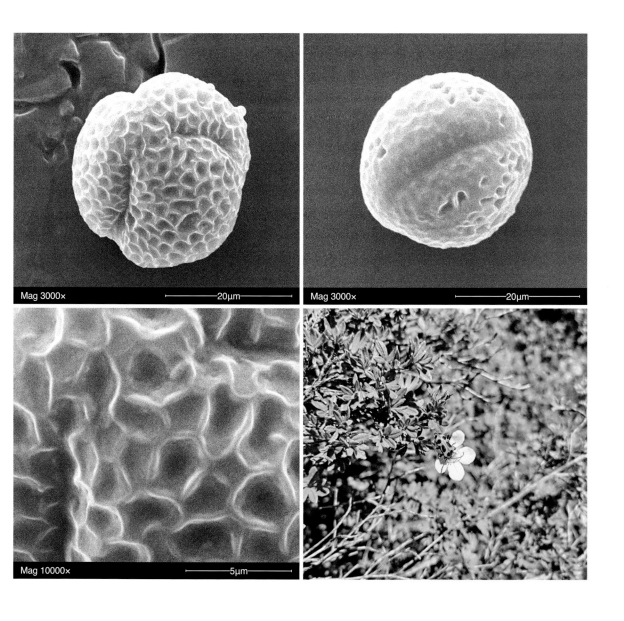

32 仙女木属　东亚仙女木
Dryas octopetala var. *asiatica* (Nakai) Nakai

- **分布区域**　长白山海拔2000～2400 m处。生长在苔原带高山草甸、苔藓上及岩石缝隙等处。花期7～8月。
- **花粉特征**　花粉呈不规则状，有不同程度的凹陷。极轴长37.5 (36～39) μm，赤道轴长31.4 (29～35) μm。花粉表面具纵横交错的皱网状纹饰。

33 珍珠梅属 珍珠梅 *Sorbaria sorbifolia* (L.) A. Braun

- **分布区域**　长白山海拔1200 m以下的区域。生长在林缘、道路两旁、沟谷及草地等处。花期7～8月。
- **花粉特征**　花粉长球形，极面观三裂，圆形。极轴长26.4 (25～28) µm，赤道轴长15.5 (13～17) µm。具三沟，沟长不达极点。花粉表面具交叉条纹状纹饰，条纹无固定走向。

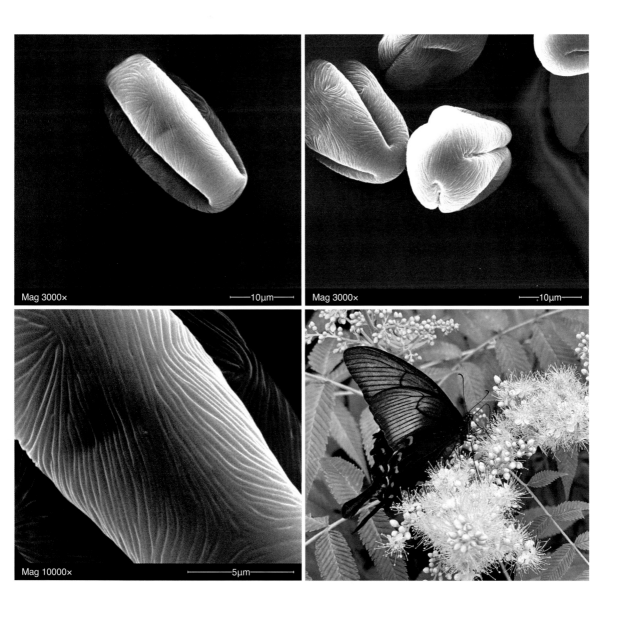

34 假升麻属　假升麻 *Aruncus sylvester* Kostel. ex Maxim.

- **分布区域**　长白山海拔800～1600 m处。生长在山坡、沟谷、林下及林缘等处。花期7～8月。
- **花粉特征**　花粉超长球形，极面观三裂，圆形。极轴长26.4 (24～28) μm，赤道轴长9.5 (8～11) μm。具三沟，较深且长，接近两极。花粉表面具不同走向的条纹。

35 稠李属　斑叶稠李 *Padus maackii* Rupr.

- **分布区域**　长白山海拔900～1800 m处。生长在阳坡疏林中、林边或阳坡潮湿地及松林下或溪水边、路旁等处。花期5月。
- **花粉特征**　花粉长球形，极面观三裂，圆形。极轴长51.6 (49～53) μm，赤道轴长26.5 (25～28) μm。具三深沟，沟长不达极点，极点较钝。花粉表面具两极走向的近平行条纹。

36　悬钩子属　牛叠肚 *Rubus crataegifolius* Bunge

- **分布区域**　长白山海拔1600 m以下的区域。生长在沟谷、溪水边、林缘、草地及草甸等区域。花期5～6月。
- **花粉特征**　花粉长球形，极面观三裂，圆形。极轴长26.3 (25～28) μm，赤道轴长21.4 (19～22) μm。具三孔沟，沟边缘为皱网状突起。花粉表面为两极走向的条纹状纹饰，条纹几乎平行排列。

37 蚊子草属 蚊子草 *Filipendula palmata* (Pall.) Maxim.

- **分布区域**　长白山海拔1800 m以下的区域。生长在山坡草甸、林缘、沟谷水湿地及山脚等区域。花期7～8月。
- **花粉特征**　花粉长球形，极面观三裂，圆形。极轴长24.4 (23～26) μm，赤道轴长11.6 (9～13) μm。具三沟，沟较宽，中部有明显突起。花粉表面具短刺状纹饰，刺小而密集。

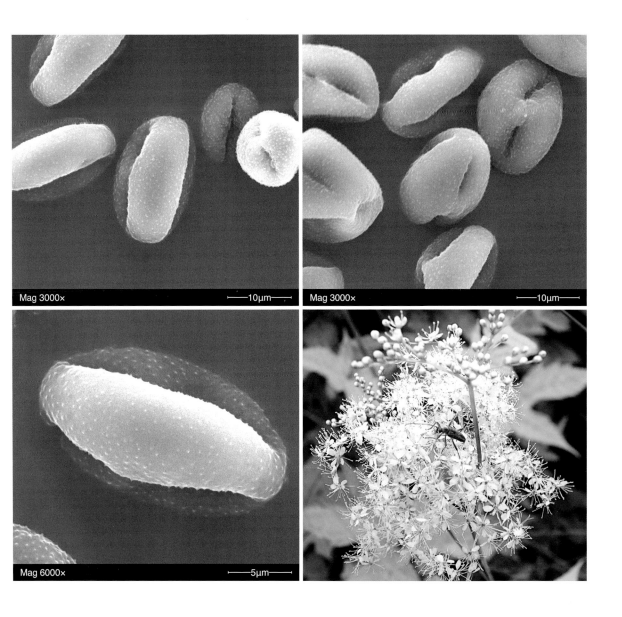

38 花楸属 水榆花楸
Sorbus alnifolia (Sieb. & Zucc.) C. Koch

- 分布区域 长白山海拔1800 m以下的区域。生长在山顶、山坡、沟谷及灌丛，与其他林木形成混交林。花期5月。

- 花粉特征 花粉长球形，极面观三裂，圆形。极轴长42.6 (41～45) μm，赤道轴长24.1 (23～26) μm。具三沟，沟狭长且窄，极点较钝。花粉表面具交错条纹及小穴状纹饰。

39　龙牙草属　龙牙草 *Agrimonia pilosa* Ledeb.

- **分布区域**　长白山海拔1800 m以下的区域。生长在溪水边、河边、路旁、草地、灌丛、林缘及疏林下。花期6～8月。
- **花粉特征**　花粉长球状，极面观三裂，圆形。极轴长41.9 (40～44) μm，赤道轴长20.9 (20～23) μm。表面具三深沟，沟内具不规则疣状突起。花粉表面多具左右走向的条纹纹理，交错排布。

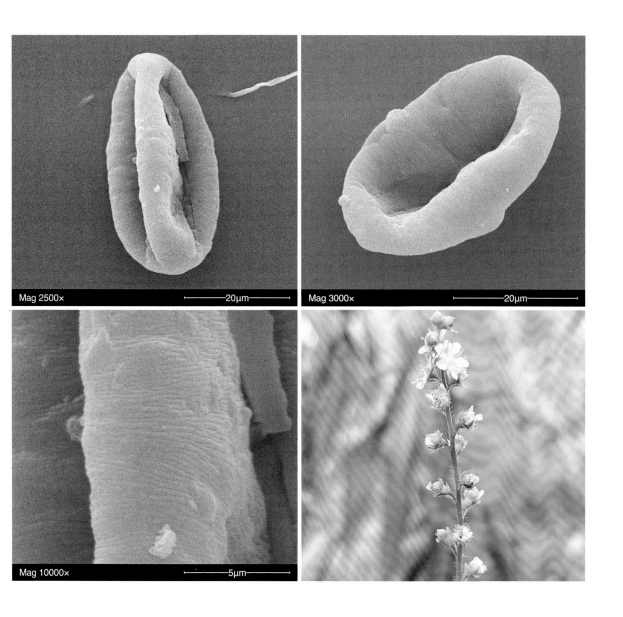

40 路边青属　路边青 *Geum aleppicum* Jacq.

- **分布区域**　长白山海拔700～1200 m处。生长在山坡草地、河边、溪水旁、灌丛及疏林下。花期7～8月。
- **花粉特征**　花粉长球形，极面观三裂，圆形。极轴长22.3 (20～25) μm，赤道轴长18.2 (17～20) μm。具三孔沟，内孔外突。花粉表面具近平行分布的条纹状纹饰，无穴状孔。

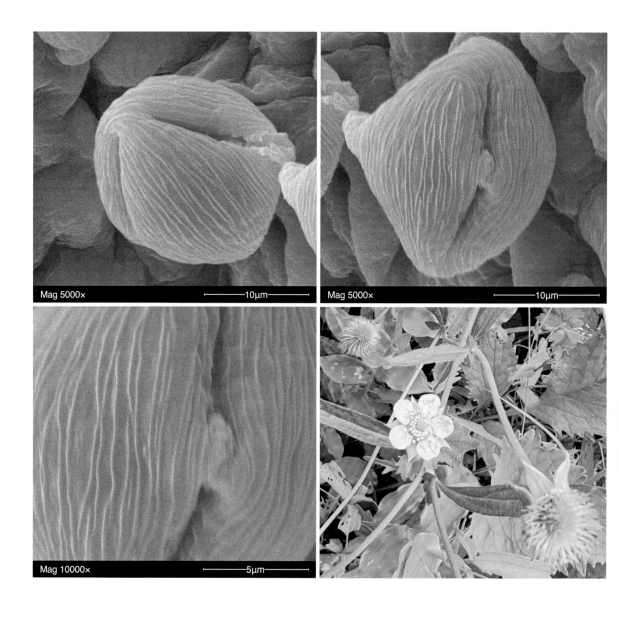

41 扁核木属　东北扁核木
Prinsepia sinensis (Oliv.) Oliv. ex Bean

- **分布区域**　长白山海拔1000 m以下的区域。生长在杂木林、林缘、山坡或山坡开阔处及河岸、岩石等阳光充足的区域。花期3～4月。
- **花粉特征**　花粉长球形，极面观三裂，圆形。极轴长34.3 (33～36) μm，赤道轴长22.1 (21～24) μm。具三沟，由两极至赤道处逐渐变宽，赤道处达最宽，萌发孔长椭圆形，明显，极点较钝。花粉表面具沿极轴方向延伸的交错条纹。

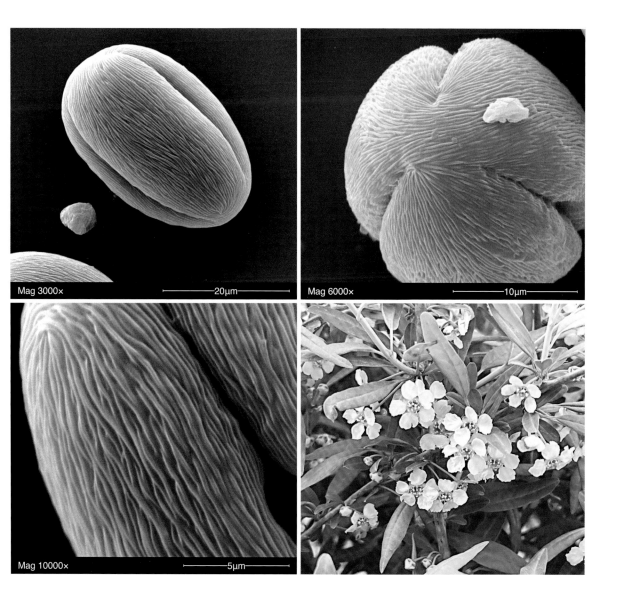

1 胡桃属　胡桃楸 *Juglans mandshurica* Maxim.

- **分布区域**　长白山海拔600～1100 m处。多生长在土壤肥沃、湿润及排水良好的沟谷两旁或山坡的阔叶林中。花期5月。
- **花粉特征**　花粉扁球形，其中一面具深凹陷，直径41.1 (40～43) μm。花粉具8个萌发孔，孔内不光滑，具疣状突起。花粉表面密被刺状纹饰。

Mag 2000×　　　20μm

Mag 2000×　　　20μm

Mag 10000×　　　5μm

1 忍冬属 金花忍冬 *Lonicera chrysantha* Turcz.

- **分布区域** 长白山海拔600～1700 m处。生长在阔叶混交林、针叶林、阔叶红松林沟谷、林下及林缘灌丛中。花期6月。
- **花粉特征** 花粉近球形，直径50.9 (48～52) μm。花粉表面具大小不一的三角形锐刺，少量疣状突起，分布不均，其他区域凹凸不平。

忍冬科 Caprifoliaceae

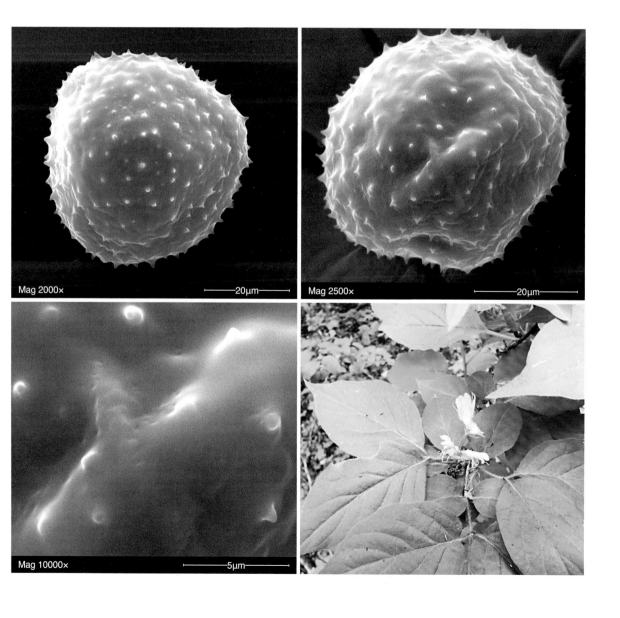

2 忍冬属 金银忍冬 *Lonicera maackii* (Rupr.) Maxim.

- **分布区域** 长白山海拔600~1600 m处。生长在阔叶混交林、针叶林、阔叶红松林或林缘溪流附近的灌丛中。花期6月。
- **花粉特征** 花粉近球形，直径29.2 (28~32) μm。具2~3浅短沟。花粉表面具大小不一的三角形锐刺状及疣状突起，分布均匀，其他区域凹凸不平。

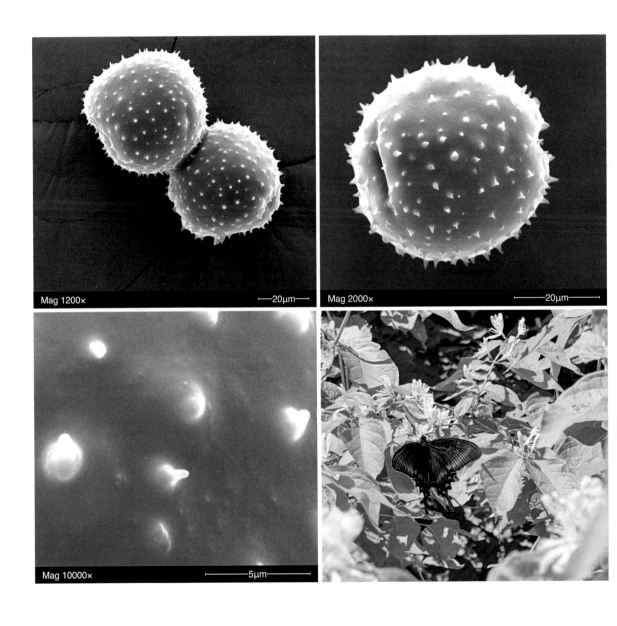

3 **忍冬属** 蓝靛果忍冬 *Lonicera caerulea* L.

- **分布区域** 长白山海拔1000～1500 m处。由于其喜湿特性，常生长在河岸、沼泽灌木及草甸内。花期6月。
- **花粉特征** 花粉近球形，直径39.5 (38～43) μm。花粉表面具短刺，尖锐呈三角形，分布均匀，其他区域略粗糙不平。

4 忍冬属　长白忍冬 *Lonicera ruprechtiana* Regel

- **分布区域**　长白山海拔1000 m以下的区域。生长在阔叶林内、林缘、河边等潮湿环境，喜光。花期5月。
- **花粉特征**　花粉近球形，直径61.8 (60～64) μm。花粉表面具大小不一的三角形锐刺状突起，分布稀疏且均匀。花粉其他区域凹凸不平，具纹理。

5　败酱属　糙叶败酱 *Patrinia scabra* Bunge

- **分布区域**　长白山海拔600～1400 m处。生长在阔叶红松林、针叶林部分区域的石质丘陵坡地石缝或较干燥的阳坡草丛中。花期6～7月。
- **花粉特征**　花粉长球形，极面观三裂，圆形，极点较钝。极轴长42.9 (41～44) μm，赤道轴长35.1 (34～37) μm。具三深沟，沟较短。花粉表面具锐刺状和疣状突起纹饰，其他区域凹凸不平。

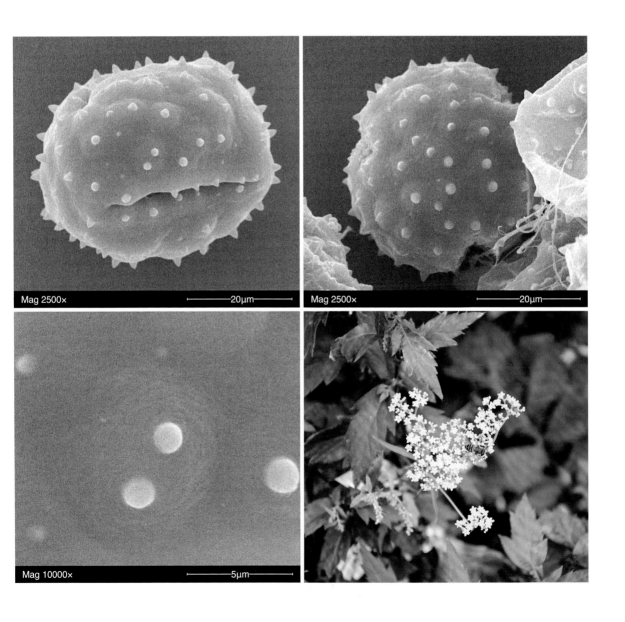

6 颏草属 颏草 *Valeriana officinalis* L.

- **分布区域**　长白山海拔1800 m以下的区域。生长在林缘、草地、沟谷旁、溪水边及水湿地等处。花期7～8月。

- **花粉特征**　花粉长球形，极面观三裂，圆三角形。极轴长55.5 (54～57) μm，赤道轴长40.4 (39～42) μm。具三沟，沟较深，沟长不达极点。花粉表面具微刺、长刺及疣状突起。

1 荚蒾属　修枝荚蒾 *Viburnum burejaeticum* Regel & Herder

- **分布区域**　长白山海拔600～1300 m处。生长在针阔叶混交林或阔叶混交林内、林缘及河流、溪流、沟谷、山坡灌丛中。花期6～7月。
- **花粉特征**　花粉长球形，极面观三裂，近圆形至圆三角形。极轴长36.3 (35～38) µm，赤道轴长22.6 (22～24) µm。具三沟，内孔外突，沟长近达极点。花粉表面具不规则瘤状突起状纹饰。

荚蒾科
Viburnaceae

Mag 3000×　　　10µm

Mag 3000×　　　10µm

Mag 10000×　　　5µm

2 荚蒾属 鸡树条
Viburnum opulus subsp. *calvescens* (Rehder) Sugim.

- 分布区域　长白山海拔1100 m以下的区域。常生长在山坡、林缘等处，混生于其他阔叶林木中，喜阴湿环境。花期5～6月。
- 花粉特征　花粉长球形，极面观三裂，近圆形。极轴长30.2 (29～33) μm，赤道轴长20.9 (19～23) μm。具三沟，内孔外突，沟长近达极点。花粉表面具不规则网状纹饰，网孔较深，内具疣状突起。

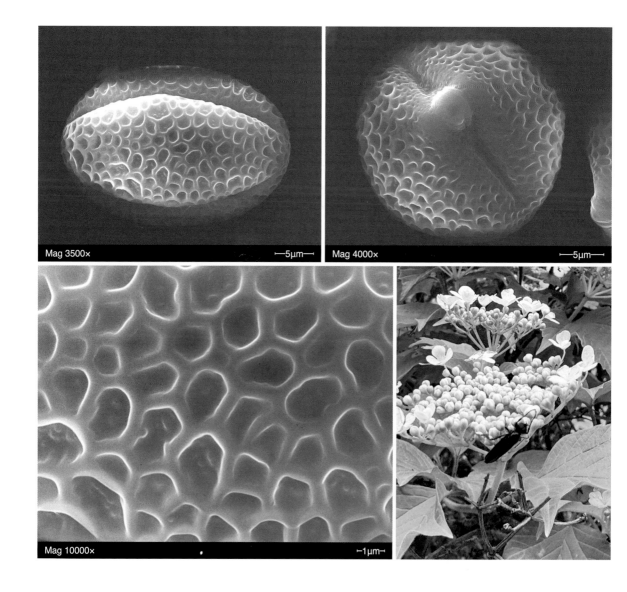

3　**接骨木属**　接骨木 *Sambucus williamsii* Hance

- **分布区域**　长白山海拔1000 m以下的区域。生长在林下、林缘、坡地等靠近溪水、河流等区域。花期5～6月。
- **花粉特征**　花粉长球形，极面观三裂，圆形。极轴长24.7 (23～26) μm，赤道轴长12.7 (12～14) μm。具三沟，沟窄，沟长近达极点。花粉表面具网状纹饰，网孔深，圆形，大小不一，多数网孔内具疣状突起，极点近光滑。

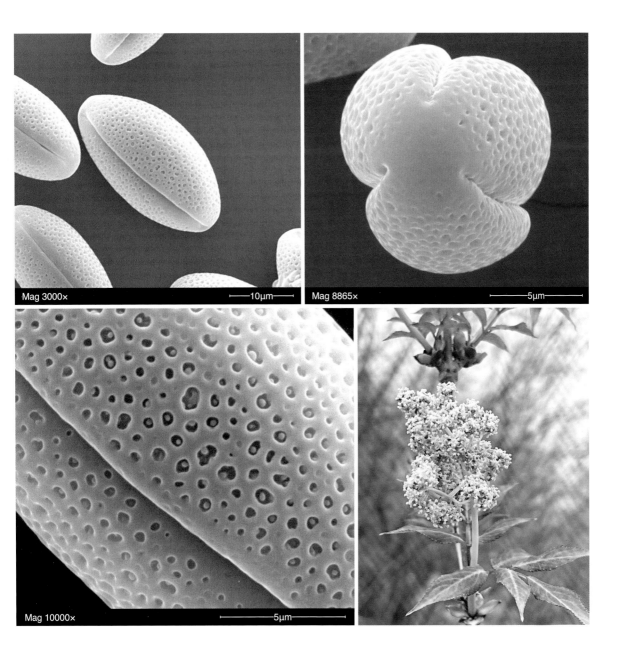

4 **五福花属** 五福花 *Adoxa moschatellina* L.

- **分布区域** 长白山海拔1600 m以下的区域。生长在林下、疏林地、林缘、灌丛、草地、河边及湿地边。喜阴湿环境。花期5月。

- **花粉特征** 花粉近球形，极面观为三裂，圆形，两极平圆。极轴长26.5 (26～29) µm，赤道轴长23.2 (22～25) µm。具三宽沟，沿中间至两极逐渐收狭，沟长近达极点。花粉表面具沿两极走向的隆起条纹，条纹间形成的浅沟，沟内壁粗糙。

1 独活属　短毛独活 *Heracleum moellendorffii* Hance

- **分布区域**　长白山海拔600～1600 m处。生长在草甸、草地、林缘、灌丛、沟谷及水湿地等处。花期7～8月。

- **花粉特征**　花粉长球形，极面观三裂，圆三角形。极轴长27.9 (26～29) μm，赤道轴长19.7 (18～22) μm。具三孔沟，内孔外突。花粉表面具皱网状纹饰，极点网纹交织形成小穴状孔。

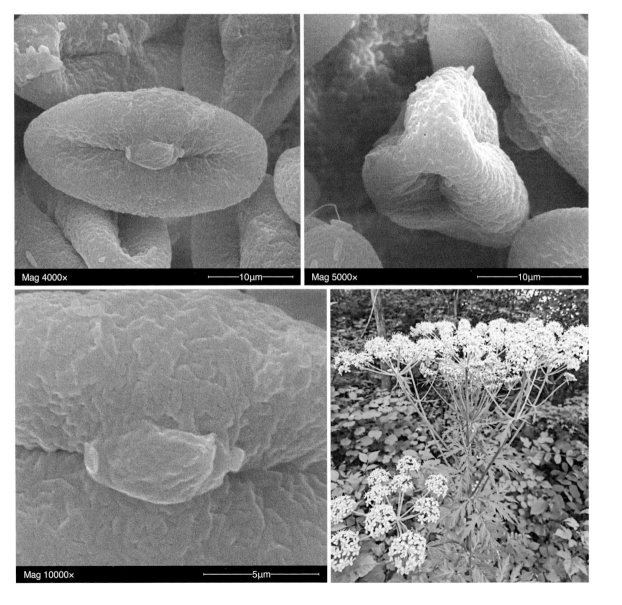

② 独活属　兴安独活 *Heracleum dissectum* Ledeb.

- **分布区域**　长白山海拔600～1400 m处。生长在山坡、湿草地、草甸、山坡林下及林缘处。花期7～8月。
- **花粉特征**　花粉长球形，极面观三裂，圆三角形。极轴长40.4 (40～43) μm，赤道轴长22.1 (21～24) μm。具三沟，沟深且长，不达极点。花粉表面具皱网状纹饰，无明显穴状孔。

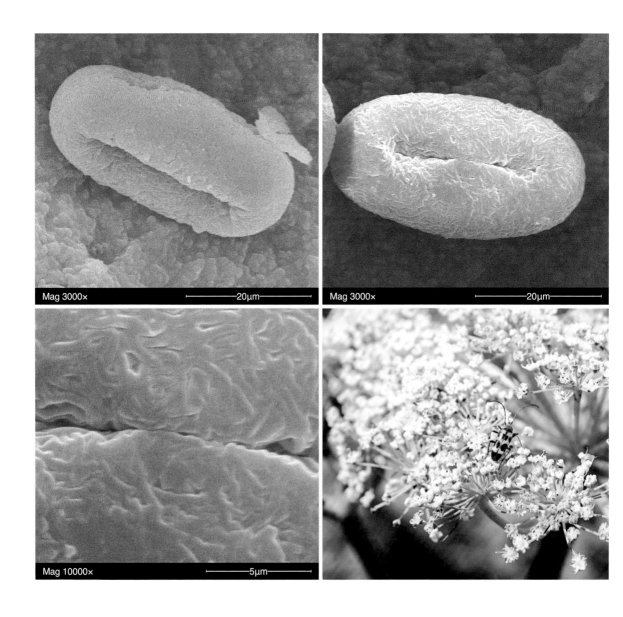

3 **当归属** 黑水当归 *Angelica amurensis* Schischk.

- **分布区域**　长白山海拔1000～1600 m处。生长在高山草甸及地势相对平坦的湿地内。花期7～8月。
- **花粉特征**　花粉长球形。极轴长36.4 (35～38) µm，赤道轴长16.7 (15～19) µm。具2～3沟，沟中部明显，内孔外突。花粉表面具皱网状纹饰。

4 棱子芹属 棱子芹 *Pleurospermum uralense* Hoffm.

- **分布区域**　长白山海拔1600 m以下的区域。生长在山坡林下、天然林中、林缘、河边湿地及草甸等处。花期7～8月。
- **花粉特征**　花粉近菱形。极轴长32.4 (31～34) μm，赤道轴长20.5 (19～22) μm。具两沟，较细，沟长近达极点。花粉表面具颗粒状突起纹饰。

Mag 1500×　　20μm

Mag 3000×　　10μm

Mag 3000×　　10μm

5　**蛇床属**　蛇床　*Cnidium monnieri* (L.) Spreng.

- **分布区域**　长白山海拔1400 m以下的区域。生长在山坡、草地、林缘等低洼处。花期6～7月。
- **花粉特征**　花粉超长球形，极面观三裂，圆三角形，两极平截。极轴长35.7 (34～38) μm，赤道轴长13.6 (12～16) μm。具三宽沟，两沟内孔外突。花粉表面具不明显网状纹饰。

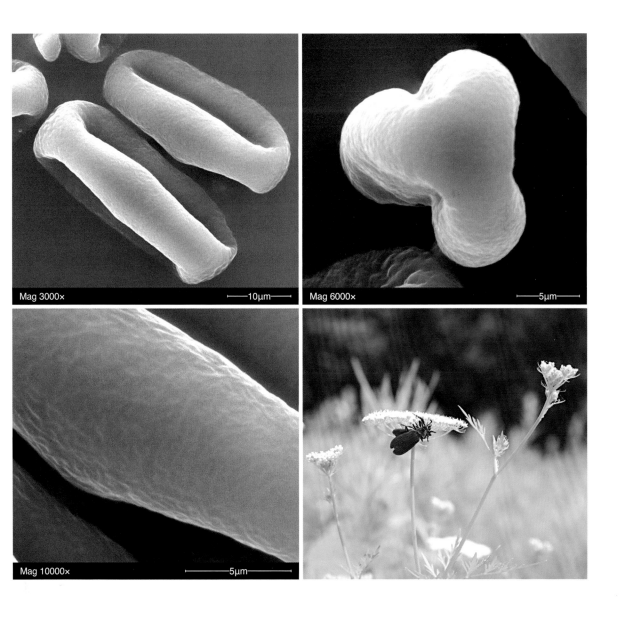

6 羊角芹属　东北羊角芹 *Aegopodium alpestre* Ledeb.

- **分布区域**　长白山海拔800～1600 m处。生长在杂林下或山坡草地，喜阴湿环境。花期7～8月。
- **花粉特征**　花粉超长球形，极面观三裂，圆三角形。极轴长34.8 (33～36) μm，赤道轴长12.1 (10～14) μm。具三沟，其中两沟内孔外突。花粉表面具不规则突起状纹饰。

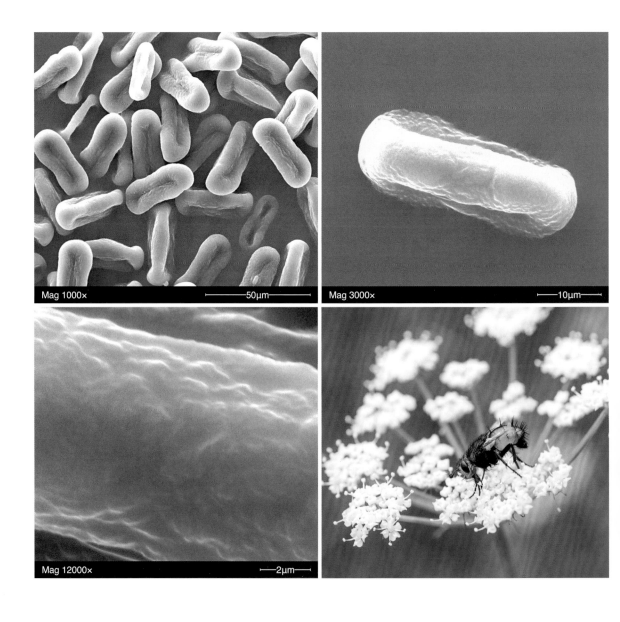

7 窃衣属　小窃衣 *Torilis japonica* (Houtt.) DC.

- **分布区域**　长白山海拔1800 m以下的区域。生长在杂木林下、林缘、路旁、河沟边，以及溪水边草丛及灌丛中。花期6～8月。

- **花粉特征**　花粉超长球形，极面观三裂，圆三角形。极轴长52.5 (51～54) μm，赤道轴长13.2 (11～14) μm。具三浅孔沟，沟较短，内孔膜显著向外突出。花粉表面具皱网状纹饰。

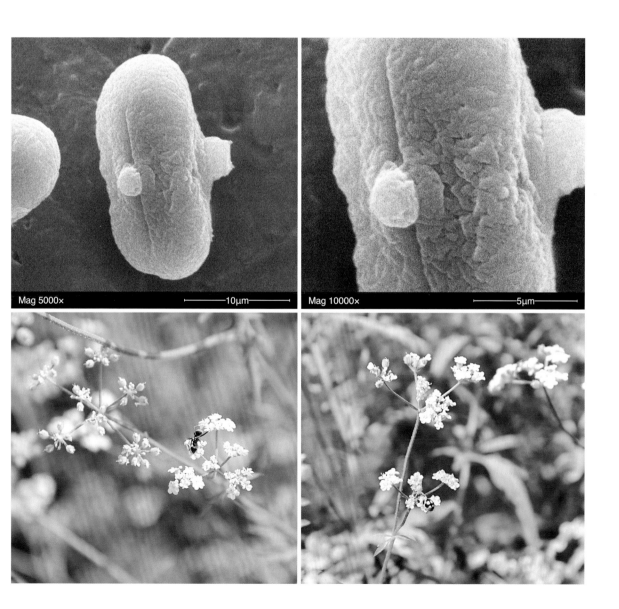

8 **藁本属** 辽藁本
Conioselinum smithii (H. Wolff) Pimenov & Kljuykov

- 分布区域 长白山海拔1000～1800 m处。生长在林下、林缘、草甸及沟谷等阴湿处。花期8月。
- 花粉特征 花粉超长球形，极面观三裂，圆三角形，极点较钝。极轴长35.4 (34～37) µm，赤道轴长15.8 (14～17) µm。具三孔沟，其中两沟内孔外突。花粉表面具不规则走向的皱网状纹饰。

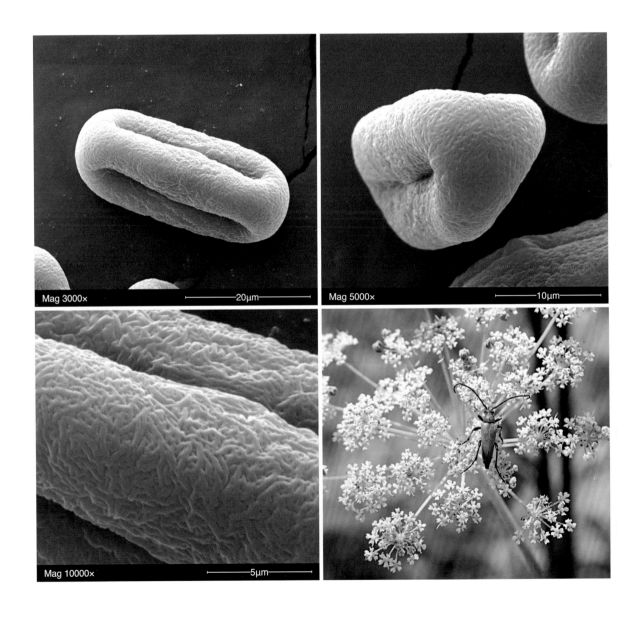

9 **变豆菜属** 红花变豆菜
Sanicula rubriflora F. Schmidt

- **分布区域**　长白山海拔700 m以下的区域。生长在山谷、山间林下、林缘、草地等处，喜湿润。花期5月。
- **花粉特征**　花粉近球形，直径48.3 (47～50) μm。花粉表面具长短相间的三角形刺，长刺钝，短刺尖。花粉表面其他区域具不规则纹理。

Mag 2000×　　—10μm—

Mag 10000×　　·1μm·

1 草茱萸属　草茱萸 *Cornus canadensis* L.

- 分布区域　长白山海拔1000～1400 m处。生长在针叶林郁闭度较高的林下。花期8月。

- 花粉特征　花粉长球形，极面观近圆三角形。极轴长39.3 (38～43) μm，赤道轴长21.2 (19～24) μm。具三沟。花粉表面具细网状纹饰，网孔较深。

1　碎米荠属　白花碎米荠
Cardamine leucantha (Tausch) O. E. Schulz

- **分布区域**　长白山海拔600～1400 m处。生长在山坡、沟间、草地、林缘及灌丛等阴湿处。花期6～7月。
- **花粉特征**　花粉长球形。极轴长37.2 (36～39) μm，赤道轴长21.6 (19～24) μm。具三沟，狭长近两极。花粉表面具粗网状纹饰，网脊较深，网眼大。

十字花科　Brassicaceae

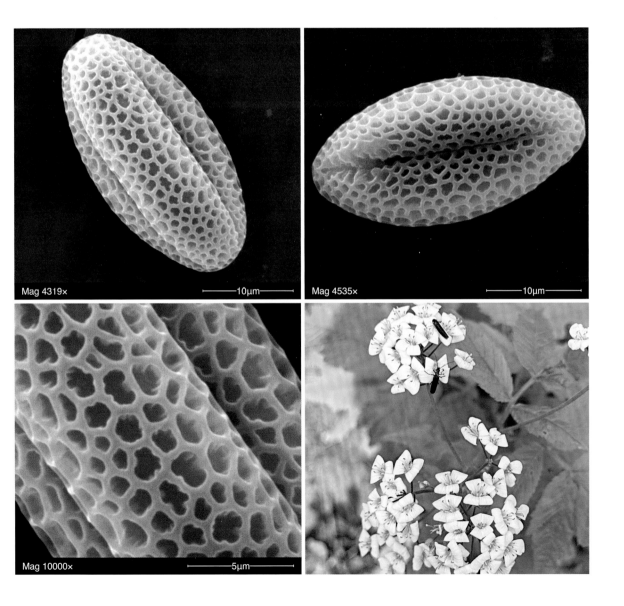

Mag 4319×　　10μm

Mag 4535×　　10μm

Mag 10000×　　5μm

2 蔊菜属 风花菜

Rorippa globosa (Turcz. ex Fisch. & C. A. Mey.) Hayek

- 分布区域　长白山海拔600～1200 m处。生长在山坡、沟间、草地、林缘、灌丛、空旷地及杂草地。花期6月。
- 花粉特征　花粉长球形，极面观三裂，圆三角形。极轴长30.7 (29～33) μm，赤道轴长17.1 (16～20) μm。具三深沟，于极点处相聚，沟膜内孔外突。花粉表面具形状不规则网状纹饰，网脊较浅深。

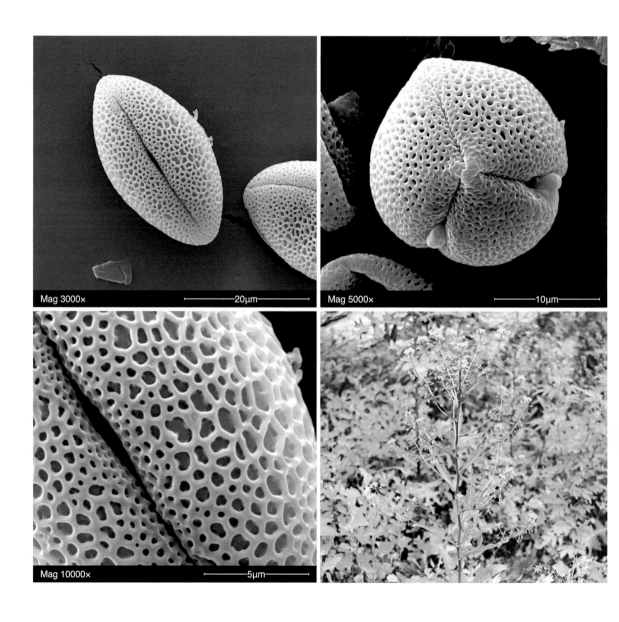

Mag 3000×　20μm

Mag 5000×　10μm

Mag 10000×　5μm

3　**蔊菜属**　沼生蔊菜 *Rorippa palustris* (L.) Besser

- **分布区域**　长白山海拔600～1000 m处。分布于潮湿多水的环境中，常生长在山间溪水处、河道、溪岸、路旁、坡草及草地等向阳处。花期6～9月。
- **花粉特征**　花粉长球形，极面观三裂，圆形，两极较钝。极轴长33.9 (33～35) μm，赤道轴长15.4 (14～17) μm。具三长浅沟，沟长近达极点。花粉表面呈织网状，具大小相对均匀的不规则深网孔。

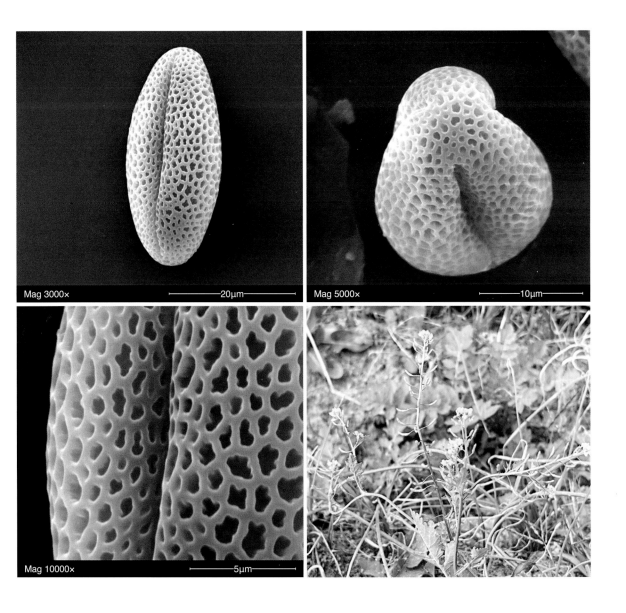

4 荠属 荠 *Capsella bursa-pastoris* (L.) Medic.

- **分布区域**　长白山海拔600～1000 m处。生长在山坡、沟间、草地、林缘、灌丛、空旷地及杂草地。花期5～6月。
- **花粉特征**　花粉长球形，极面观三裂，圆形。极轴长39.6 (38～42) μm，赤道轴长11.3 (10～13) μm。具三沟，沟宽，未到达两极。花粉表面具网状纹饰，网脊较浅，网孔较大。

5 葶苈属　葶苈 *Draba nemorosa* L.

- **分布区域**　长白山海拔600～1000 m处。生长在路旁、草地、山坡等空旷地。花期5～6月。
- **花粉特征**　花粉长球形，极面观三裂，圆形。极轴长25.9 (25～30) μm，赤道轴长13.7 (13～17) μm。具三沟，沟宽，未到达两极。花粉表面具网状纹饰，网脊较深，网孔较大。

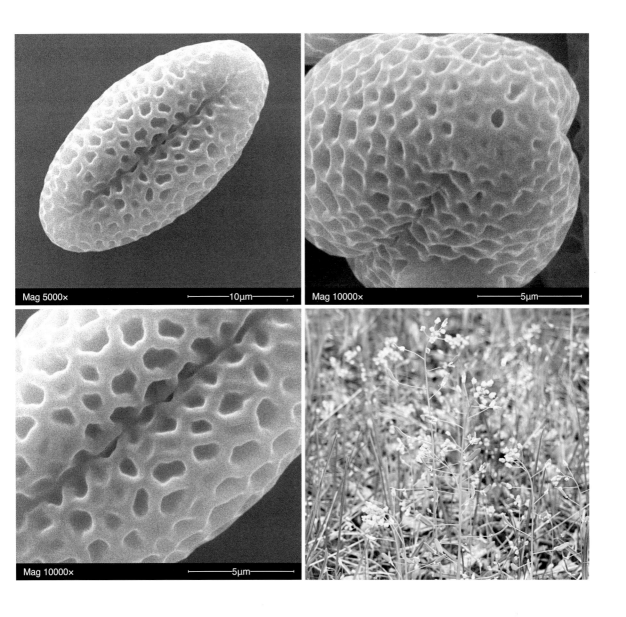

6 葶苈属　扭果葶苈
Draba torticarpa L. L. Lou & T. Y. Cheo

- 分布区域　长白山海拔2100～2400 m处。生长在近苔原带岩石缝隙、砾石及苔藓等区域。花期6～7月。
- 花粉特征　花粉长球形。极轴长30.9 (30.2～31.5) μm，赤道轴长16.6 (16.3～16.9) μm。具三沟，狭长近两极。花粉表面具不规则粗网状纹饰，网脊较深，网孔较大。

7 **诸葛菜属** 诸葛菜
Orychophragmus violaceus (L.) O. E. Schulz

- **分布区域** 本种为长白山外来入侵种。分布于长白山海拔600~800 m处。生长在路两侧绿化带内、坡地及草地等处。花期7~8月。

- **花粉特征** 花粉长球形，极面观三裂，近圆形。极轴长33.1 (32.7~33.4) μm，赤道轴长17.8 (17.3~18.2) μm。具三沟，狭长近两极。花粉表面具不规则粗网状纹饰，网脊较深，内侧边缘形状多变。

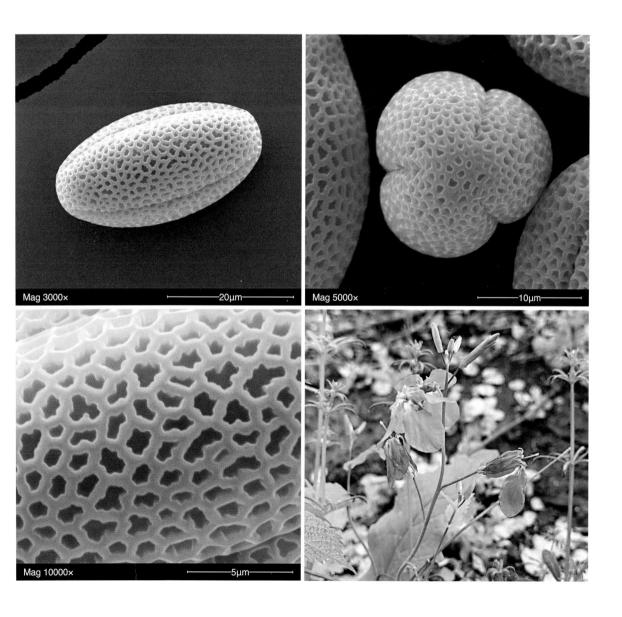

Mag 3000× —20μm—
Mag 5000× —10μm—
Mag 10000× —5μm—

8 垂果南芥属 垂果南芥

Catolobus pendulus (L.) Al-Shehbaz

- **分布区域** 长白山海拔1000～1400 m处。生长在山坡、沟间、草地、林缘、灌丛、河岸及杂草地。花期7～8月。

- **花粉特征** 花粉长球形，极面观三裂，圆三角形。极轴长30.9 (30.2～31.5) μm，赤道轴长16.6 (16.3～16.9) μm。具三深沟，两极稍钝，沟长不达极点。花粉表面具网状纹饰，网孔小。

Mag 5000×　　10μm　　Mag 5000×　　10μm

Mag 10000×　　5μm

1　**石竹属**　高山瞿麦
Dianthus superbus subsp. *alpestris* Kablík. ex Čelak.

- **分布区域**　长白山海拔1800～2100 m处。生长在近苔原带山坡草地、林缘、林间空地及河流附近区域。花期7～8月。
- **花粉特征**　花粉近球形，直径12.7 (11～14) μm。具散孔6～8个，孔圆形，直径2.6～3.0 μm，均匀分布在花粉球面上。花粉表面具钝刺，刺短，基部较圆。

Mag 6000×　　　5μm

Mag 6000×　　　5μm

Mag 10000×　　　5μm

2 孩儿参属 细叶孩儿参
Pseudostellaria sylvatica (Maxim.) Pax

- 分布区域　长白山海拔1400～1800 m处。生长在针叶林及红松阔叶林下区域。花期5～6月。
- 花粉特征　花粉近球形，直径27.0 (26.7～28.7) μm。具散孔12～14个，孔圆形，直径5.3～5.7 μm，均匀分布在花粉球面上。花粉表面密被短刺状纹饰。

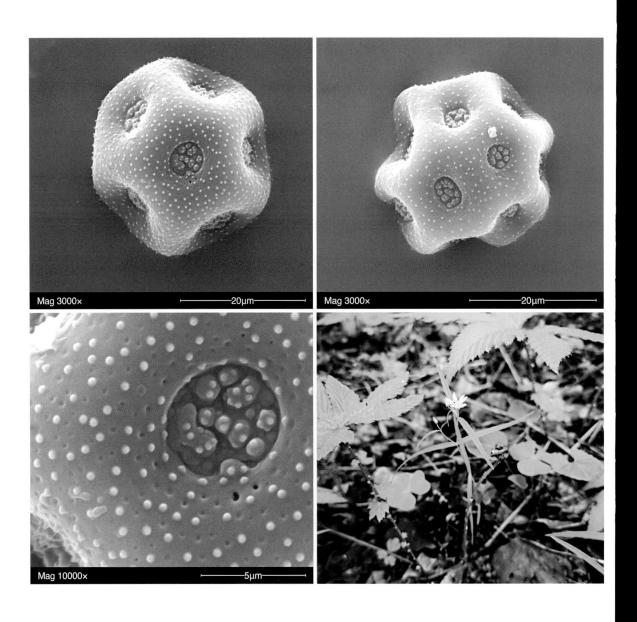

3 孩儿参属　蔓孩儿参 *Pseudostellaria davidii* (Franch.) Pax

- **分布区域**　长白山海拔1200 m以下的区域。生长在草甸、林下、林缘、灌丛、疏林地等处。花期5月。
- **花粉特征**　花粉近球形，直径34.3 (33～37) μm。具散孔12～16个，孔圆形，直径7.8～8.9 μm，均匀分布在花粉球面上，孔内膜具刺状突起。花粉表面密被短刺状纹饰。

4 米努草属　长白米努草 *Pseudocherleria macrocarpa* var. *koreana* (Nakai) Dillenb. & Kadereit

- 分布区域　长白山海拔2100～2400 m处。生长在苔原带的岩石缝隙、石砾质坡地及苔藓上。花期8月。
- 花粉特征　花粉近球形，直径29.7 (28～31.3) μm。具散孔16～18个，孔圆形至椭圆形，直径4.4～6.5 μm，均匀分布在花粉球面上。花粉表面具间距均匀而稀疏的短刺状纹饰。

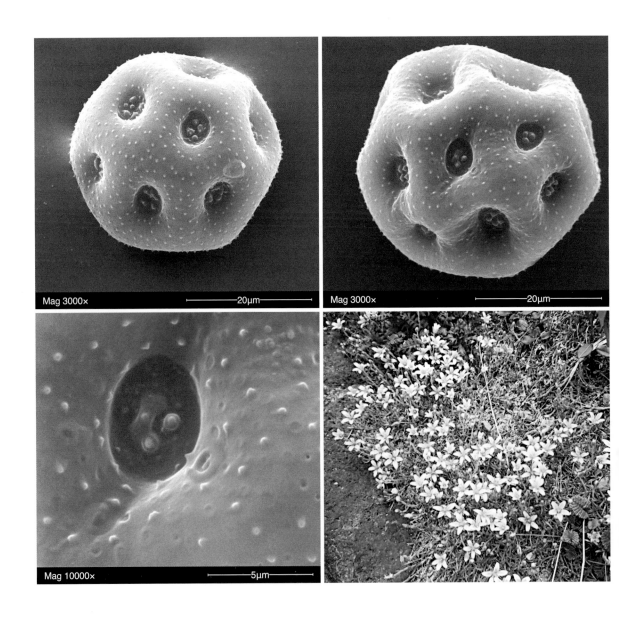

5 剪秋罗属 浅裂剪秋罗
Silene cognata (Maxim.) H. Ohashi & H. Nakai

- 分布区域 长白山海拔800～1000 m处。生长在林缘、草甸、坡地及灌丛等向阳区域。花期7～8月。
- 花粉特征 花粉球形，直径44.8 (43～47) µm。具散孔36～38个，孔圆形，直径3.5～3.8 µm，均匀分布于整个花粉球面上，孔膜上具数量不同的颗粒。花粉表面密被均匀分布的刺状突起。

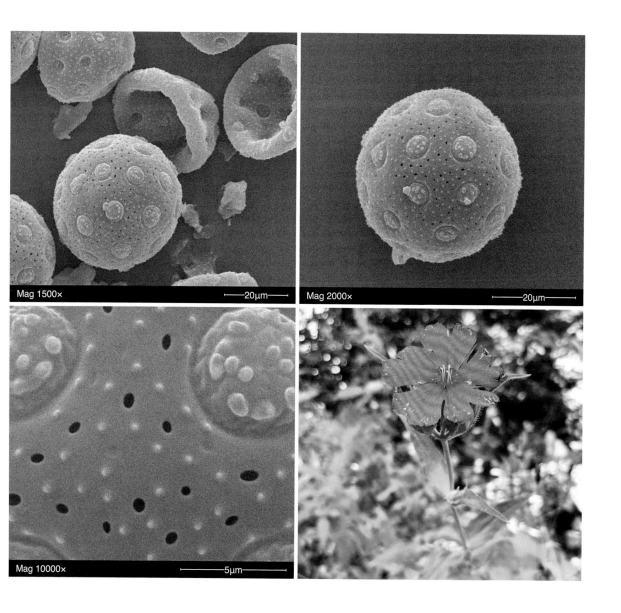

6　卷耳属　毛蕊卷耳 *Cerastium pauciflorum* var. *oxalidiflorum* (Makino) Ohwi

- **分布区域**　长白山海拔800 m以下的区域。生长在林缘、草甸及路旁等向阳湿润的区域。花期5~7月。
- **花粉特征**　花粉球形，直径38.4 (37~40) μm。具凹陷散孔18~24个，孔圆形，直径4.5~4.8 μm，均匀分布于整个花粉球面上，孔膜上具数量不同的疣状突起及刺状突起。花粉表面密被均匀分布的刺状突起。

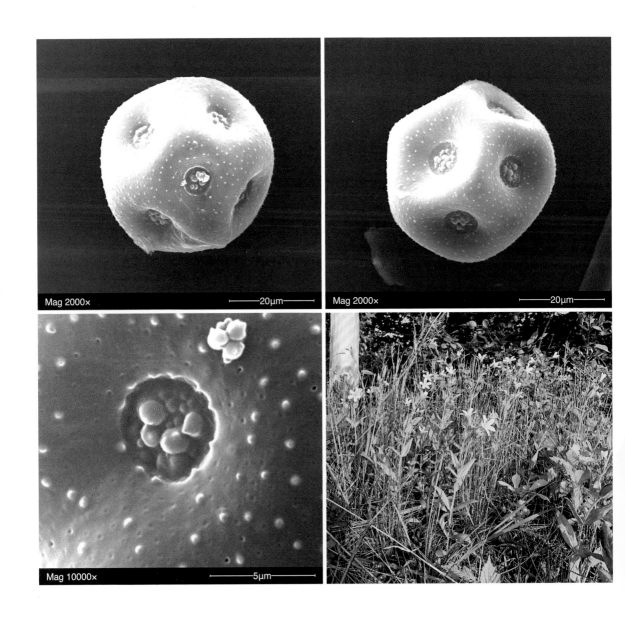

Mag 1200×　　　50μm

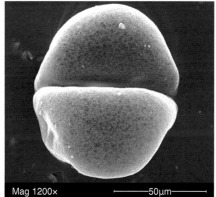

Mag 1200×　　　50μm

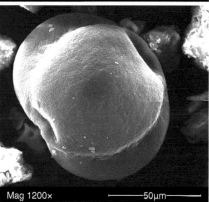

Mag 1200×　　　50μm

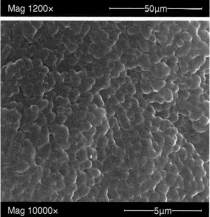

Mag 10000×　　　5μm

1 云杉属 红皮云杉
Picea koraiensis Nakai

- **分布区域**　长白山海拔1400～1700 m处。生长在灰化土或棕色森林地带，与其他针叶树种如冷杉、鱼鳞云杉、红松等混生。花期5～6月。

- **花粉特征**　花粉近球形。花粉长67.3 (66～70) μm，体长74.8 (73～77) μm，体高46.1 (45～49) μm。花粉具两个椭圆形气囊。极面观椭圆形，气囊与花粉等宽，气囊相离。花粉表面具皱波状纹饰，纹理交织成大小不一的穴孔。

松科

Pinaceae

2 **云杉属** 长白鱼鳞云杉 *Picea jezoensis* var. *komarovii* (V. N. Vassil.) W. C. Cheng & L. K. Fu

- **分布区域**　长白山海拔1400～1700 m处。生长在灰化土或棕色森林地带，与其他针叶树种如冷杉等混生。花期5～6月。
- **花粉特征**　花粉长球形，极面观三裂，近圆三角形。极轴长75.9 (75～79) μm，赤道轴长31.7 (30～34) μm。具三沟，沟较深，沟长近两极，内孔外突。花粉表面粗糙，具不规则颗粒状突起。

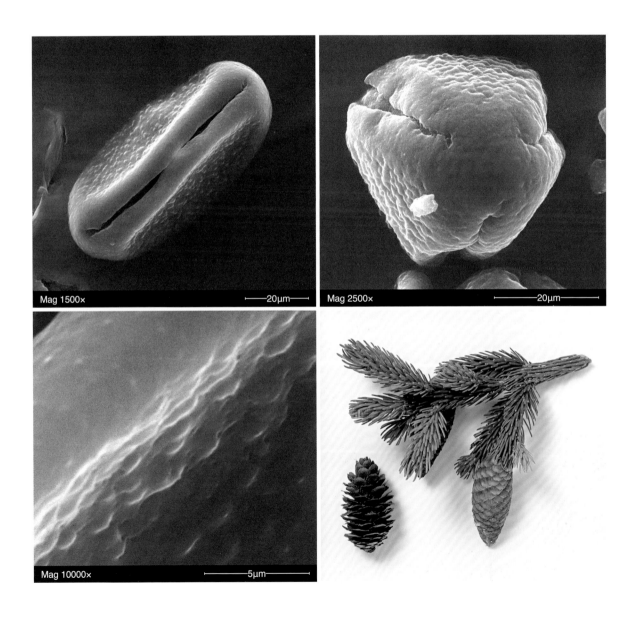

1 马先蒿属 轮叶马先蒿 *Pedicularis verticillata* L.

- **分布区域**　长白山海拔2100～2600 m处。生长在苔原带的岩石缝隙及苔藓上。花期8月。
- **花粉特征**　花粉近圆球状，极面观圆三角形。极轴长18.4 (18.2～18.6) μm，赤道轴长14.8（14.6～15.1）μm。具达极点的三条纵沟，于极点会合。花粉表面粗糙，具穴状纹饰。

Mag 5000×　10μm

Mag 5000×　10μm

Mag 10000×　5μm

2 阴行草属　阴行草 *Siphonostegia chinensis* Benth.

- **分布区域**　长白山海拔800～1600 m处。生长在山坡、草地、林缘、坡地中及砾石地等处。花期8月。
- **花粉特征**　花粉长球形，极面观三裂，圆形。极轴长28.6 (27～30) μm，赤道轴长19.3 (18～21) μm。具三沟，沟窄浅，沟长不达两极。花粉表面粗糙，具颗粒状突起，散布不规则穴状孔。

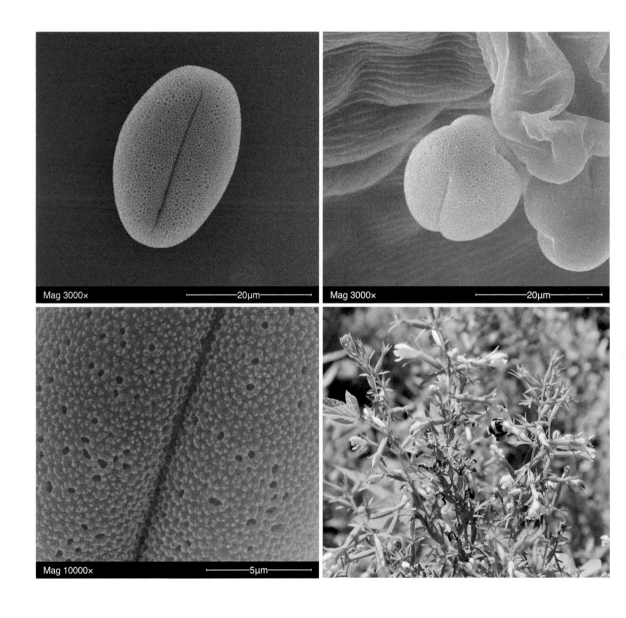

1 **紫堇属** 齿瓣延胡索 *Corydalis turtschaninovii* Besser

- **分布区域** 长白山海拔600～1200 m处。生长在林间空地、林缘及山坡空旷区域的草地上。花期7～8月。

- **花粉特征** 花粉近球形，直径42.1 (41～44) μm。具三沟，沟内膜具颗粒状突起。花粉表面具皱波状纹饰。

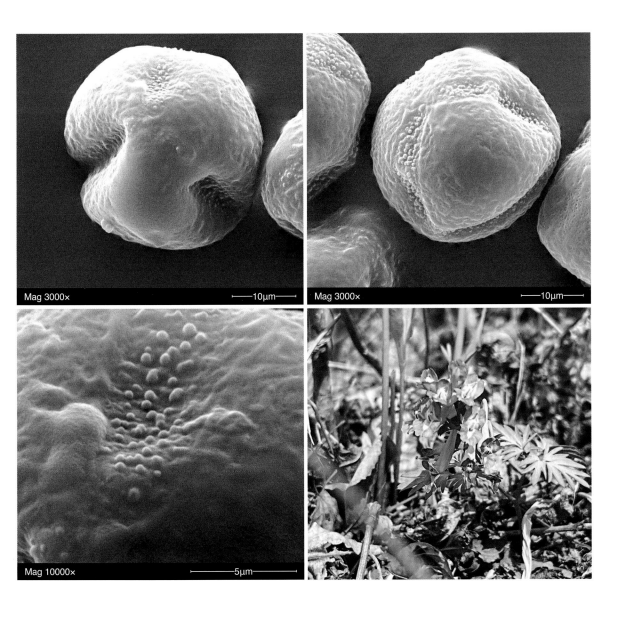

Mag 3000×　　10μm

Mag 3000×　　10μm

Mag 10000×　　5μm

2 **紫堇属** 堇叶延胡索 *Corydalis fumariifolia* Maxim.

- **分布区域**　长白山海拔600～1200 m处。生长在林间空地、灌丛、林缘、草地等处。花期7～8月。
- **花粉特征**　花粉近球形，直径29.5 (29～32) μm。具9条沟，沟内膜有大小不一的颗粒状突起。花粉表面网纹粗糙，散被刺突，穴状孔明显。

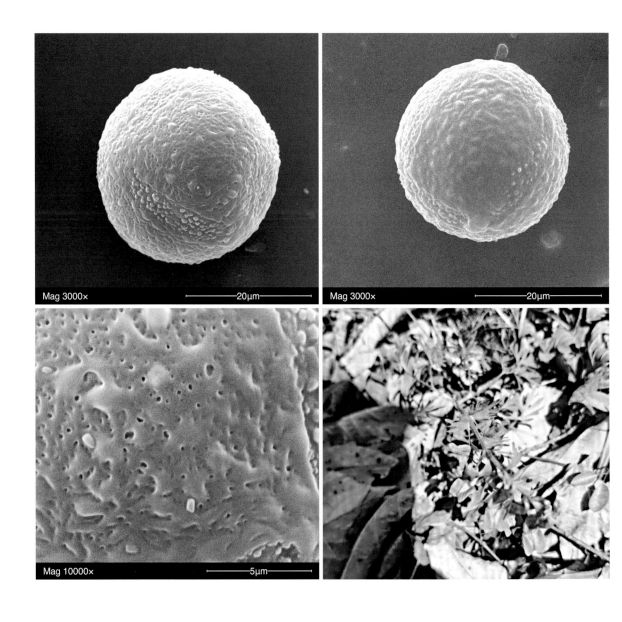

3 紫堇属　全叶延胡索 *Corydalis repens* Mandl & Muehld.

- **分布区域**　长白山海拔700～1000 m处。生长在灌丛、林下或林缘、山坡草地、阴湿地等处。花期6～7月。

- **花粉特征**　花粉球形，直径28.2 (27～31) μm。具9条浅宽沟，沟膜表面具小疣状突起纹饰。花粉表面具不规则瘤状突起，直径较沟膜颗粒大。

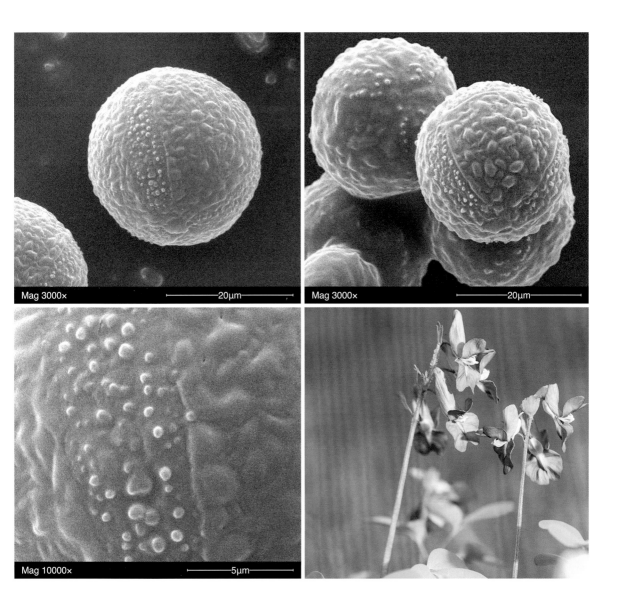

4　紫堇属　珠果黄堇 *Corydalis speciosa* Maxim.

- **分布区域**　长白山海拔600～1200 m处。生长在林间空地、灌丛、林缘、河岸
  或多石坡地。花期7～8月。
- **花粉特征**　花粉近球形，直径27.4 (26～29) μm。具12条浅宽沟，内膜表面
  几近与花粉表面在同一平面，沟内膜具不规则大小疣状突起。花粉表面不光
  滑，网纹隆起。

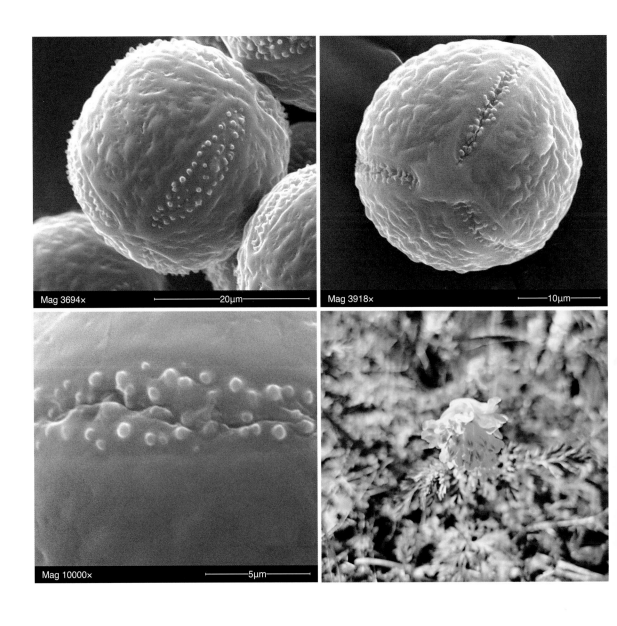

5 **紫堇属** 珠果紫堇

Corydalis pallida var. *pallida* (Thunb.) Pers.

- **分布区域**　长白山海拔600～1200 m处。生长在林间空地、灌丛、林缘、河岸或多石坡地。花期7～8月。
- **花粉特征**　花粉球形。直径26.9 (25～29) µm。极面观具12条沟，在极点处交会，沟较宽且浅，内膜表面几近与花粉表面在同一平面，沟内膜具疣状突起。花粉其他区域凹凸不平，但相对光滑。

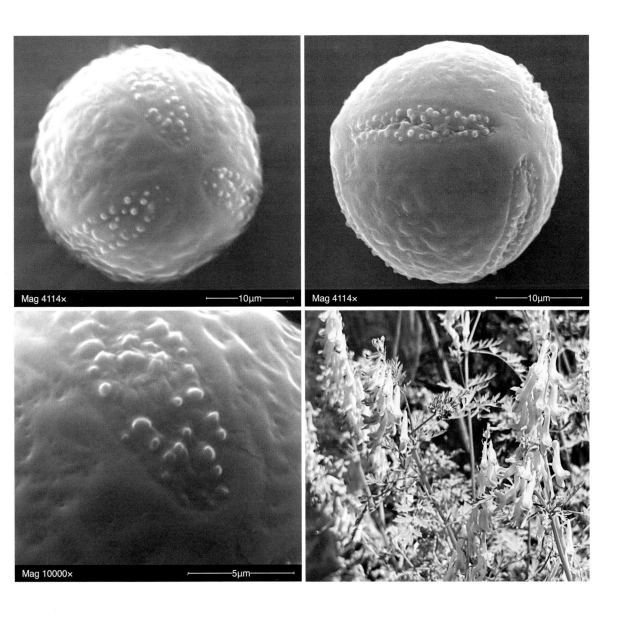

6 罂粟属 高山罂粟 *Oreomecon alpina* (L.) Banfi, Bartolucci, J.-M. Tison & Galasso

- **分布区域** 长白山海拔1800～2690 m处。生长在苔原带岩石缝隙及苔藓湿润地。花期7～8月。
- **花粉特征** 花粉长球形，极面观近圆三角形。极轴长34.7 (33～36) μm，赤道轴长21.5 (20～23) μm。具三沟。花粉表面密被短刺状纹饰。

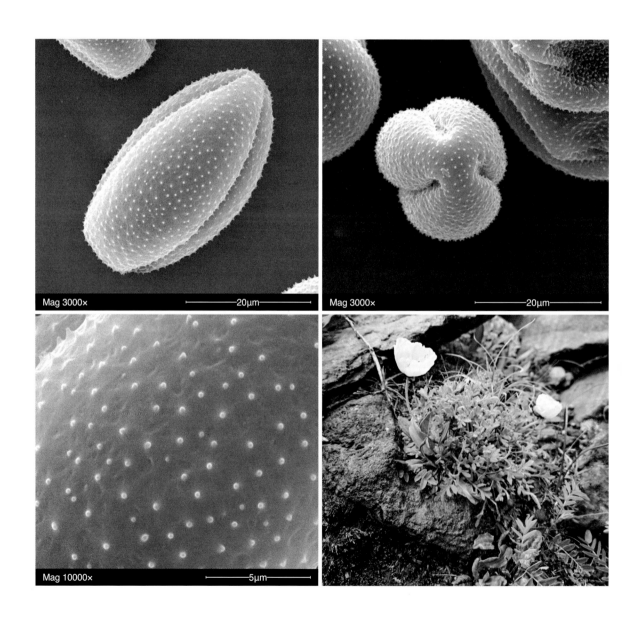

7 荷青花属　荷青花
Hylomecon japonica (Thunb.) Prantl & Kündig

- **分布区域**　长白山海拔1800 m以下的区域。生长在林缘、林下阴湿地处及溪水、沟谷旁。花期6～7月。
- **花粉特征**　花粉近球形，极面观三裂，圆形。极轴长33.3 (32～36) μm，赤道轴长27.6 (26～29) μm。具三沟，沟宽自中间至两极逐渐收窄，内膜具刺状突起。花粉表面密被三角形刺状纹饰。

8　白屈菜属　白屈菜 *Chelidonium majus* L.

- **分布区域**　长白山海拔600～1400 m处。生长在山谷湿润地、水沟边、草地、灌丛或草丛中。花期7～8月。
- **花粉特征**　花粉近球形，极面观三裂，近圆三角形，直径20.2 (19～23) μm。具三沟。花粉表面具刺突，刺短而钝，分布均匀。

1 鸢尾属 溪荪 *Iris sanguinea* Donn ex Hornem.

鸢尾科 Iridaceae

- **分布区域** 长白山海拔800~1500 m处。生长在山地林缘、亚高山草甸、灌丛及草地等湿润处。花期7~8月。
- **花粉特征** 花粉长球形，赤道一面观长椭圆形，另一面观船形。极轴长108.6 (107~110) μm，赤道轴长49.5 (48~52) μm。花粉表面具细网状纹饰，网脊较深，网眼不规则，网眼小。

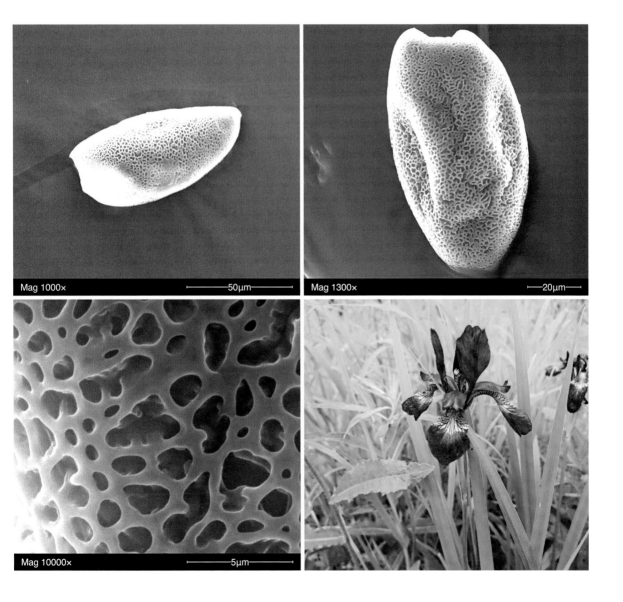

2　**鸢尾属**　马蔺 *Iris lactea* Pall.

- **分布区域**　长白山海拔1200 m以下的区域。生长在林缘、路旁、草甸、沟谷旁和疏林地内。花期5～6月。

- **花粉特征**　花粉长柱状，赤道面观长椭圆形或船形。极轴长87.8 (86～90) μm，赤道轴长43.3 (42～45) μm。花粉表面为细网状纹饰，网脊较深，大型网孔不规则，网孔内壁具不规则疣状突起。

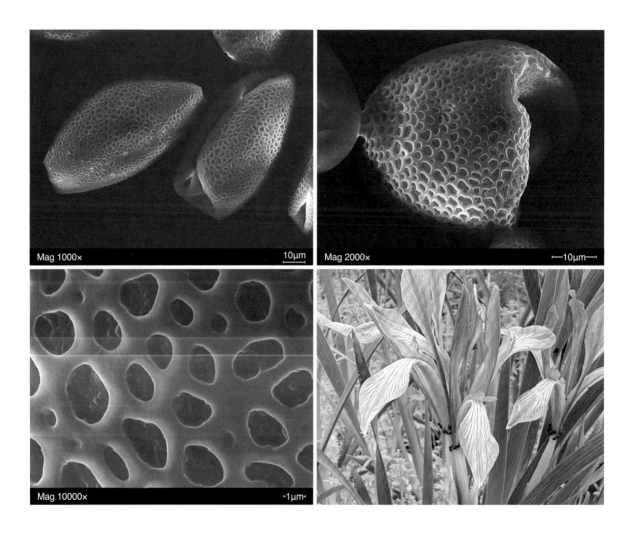

1 **附地菜属** 钝萼附地菜 *Trigonotis peduncularis* var. *amblyosepala* (Nakai & Kitag.) W. T. Wang

紫草科 Boraginaceae

- **分布区域**　长白山海拔600～1500 m处。生长在山地林缘、林下、山坡或山谷草地等处。花期7～8月。

- **花粉特征**　花粉长球形至哑铃形，极面观近圆形。极轴长8.8 (8.4～9.3) μm，赤道轴长4.4 (4.2～4.6) μm。具三浅沟和三深沟，深沟内孔外突，具大瘤状突起，上具疣状突起，周围表面凹陷光滑。花粉表面近光滑，极点处表面不光滑，凹陷处内部具疣状突起。

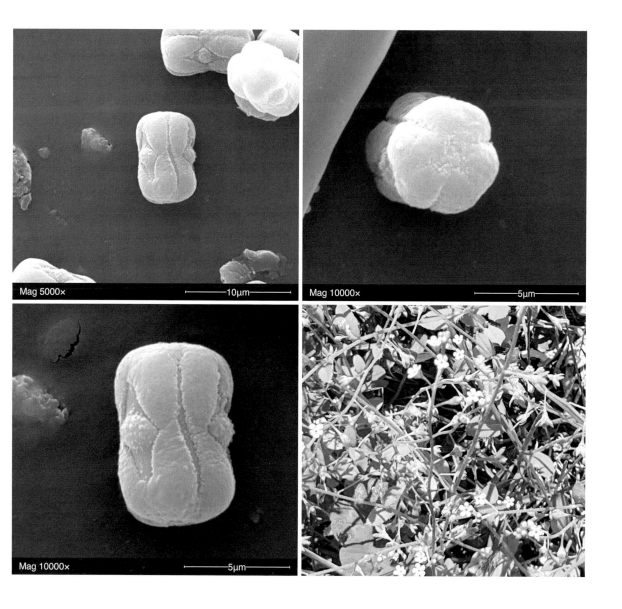

Mag 5000× ——10μm

Mag 10000× ——5μm

Mag 10000× ——5μm

2 勿忘草属　勿忘草 *Myosotis alpestris* F. W. Schmidt

- 分布区域　长白山海拔600~800 m处。生长在山地林缘或林下、山坡或山谷草地等处。花期7~8月。

- 花粉特征　花粉超长球形，近似哑铃形。极轴长5.9 (5.4~6.3) µm，赤道轴长2.4 (2.2~2.6) µm。具三宽浅孔沟（真沟）和三窄浅沟（假沟），沟两侧锯齿状。花粉表面具穴状纹饰，极点处表面不光滑，具三角形凹陷，内部具疣状突起。

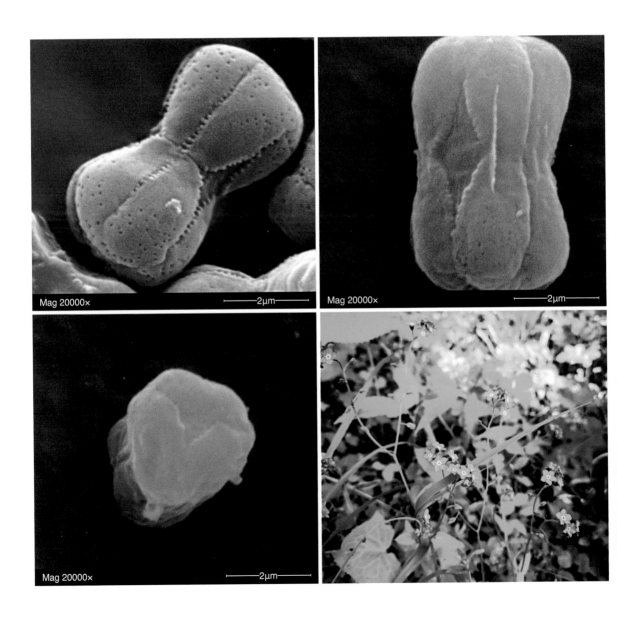

3 山茄子属 山茄子

Brachybotrys paridiformis Maxim. ex Oliv.

- **分布区域** 长白山海拔1000m以下的区域。生长在山坡、林下、灌丛等处。花期5～6月。
- **花粉特征** 花粉哑铃形，极面观近圆形。极轴长14.5 (13～16) μm，赤道轴长6.3 (5～8) μm。具三浅沟和三深沟，深沟内孔外突，上具颗粒，较花粉其他区域略少。花粉表面密被短刺状突起，极点中心处稍凹陷。

花葱科 Polemoniaceae

1 花葱属 花葱 *Polemonium caeruleum* L.

- **分布区域** 长白山海拔1000～1800 m处。生长在山坡草丛、山谷疏林下、山坡路边灌丛或溪流附近湿润处。花期7～8月。
- **花粉特征** 花粉圆球形，直径43.2 (42～45) μm。花粉表面具脑纹状纹饰，期间具深穴，脑纹状隆脊上具疣状突起。

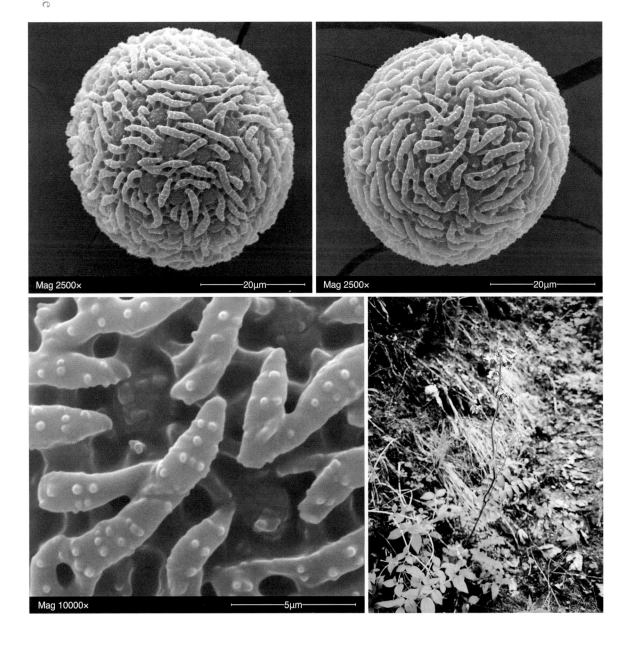

1 天南星属 细齿南星 *Arisaema peninsulae* Nakai

- **分布区域** 长白山海拔1200 m以下的区域。生长在林下及林缘等阴坡背光处，沟谷内也有分布。花期7～8月。
- **花粉特征** 花粉超扁球形，直径12.2 (11～14) μm。花粉表面具大三角形刺突，半球面重度凹陷，呈碗状。

天南星科 Araceae

1 **槭属** 小楷槭 *Acer komarovii* Pojark.

- 分布区域　长白山海拔800～1200 m处。生长在阔叶混交林等疏林区域。花期5月。
- 花粉特征　花粉长球形，极面观三裂，圆三角形。极轴长45.7 (44～47) μm，赤道轴长23.3 (22～25) μm。具三深沟。花粉表面具沿极轴方向平行分布的条纹，纹间具穴状纹饰。

Mag 3000×　　　20μm

Mag 3000×　　　20μm

Mag 10000×　　　5μm

2 槭属　紫花槭 *Acer pseudosieboldianum* (Pax) Kom.

- **分布区域**　长白山海拔1000 m以下的区域。生长在山坡、针阔混交林中或林边。花期5～6月。

- **花粉特征**　花粉长球形，极面观三裂，圆三角形。极轴长45.5 (44～47) μm，赤道轴长22.9 (22～25) μm。具三浅沟。花粉表面具沿极轴方向平行分布的条纹，纹间具穴状孔。

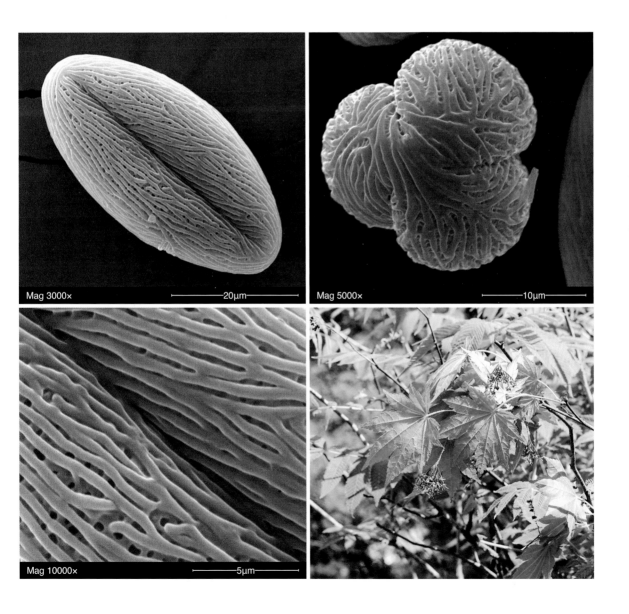

3 槭属 花楷槭 *Acer ukurunduense* Trautv. & C. A. Mey.

- **分布区域** 长白山海拔500～1500 m处。生长在山坡、沟谷等区域的疏林内。花期5月。
- **花粉特征** 花粉长球形，极面观三裂，圆形。极轴长52.6 (51～55) μm，赤道轴长35.2 (34～37) μm。具三宽深沟。花粉表面具交错条纹，纹间具少量不规则形状穴孔。

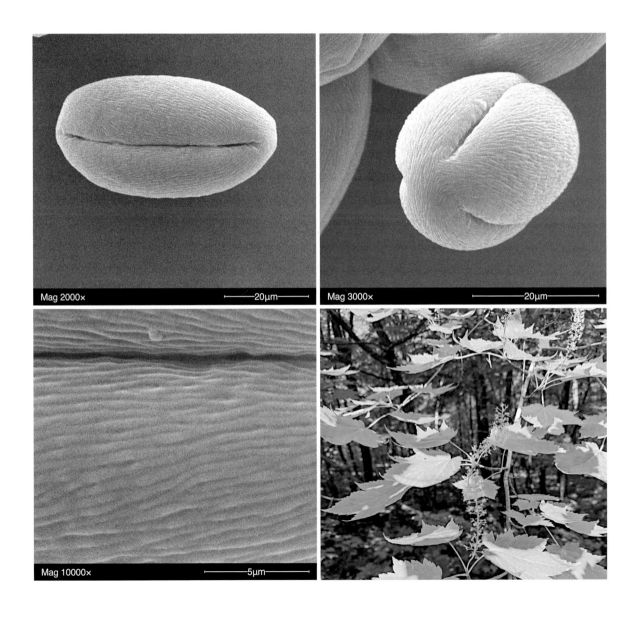

Mag 2000×　　20μm
Mag 3000×　　20μm
Mag 10000×　　5μm

4 槭属 茶条槭

Acer tataricum subsp. *ginnala* (Maxim.) Wesmael

- **分布区域**　长白山海拔800 m以下的区域。生长在山坡及沟谷等阔叶混交林内。花期5月。
- **花粉特征**　花粉超长球形，极面观三裂，圆形。极轴长39.5 (37～41) μm，赤道轴长21.3 (19～24) μm。具三沟，沟较短。花粉表面具交错条纹，纹间具少量穴状纹饰。

5 槭属 青楷槭 *Acer tegmentosum* Maxim.

- 分布区域　长白山海拔500～1000 m处。生长在山坡、疏林及山谷中。花期4～5月。

- 花粉特征　花粉长球形，极面观三裂，圆形。极轴长40.4 (39～43) μm，赤道轴长22.8 (21～24) μm。具三沟，沟较长且深，孔膜内孔外突。花粉表面具沿两极方向平行分布的条纹。

6 槭属 色木槭 *Acer pictum* Thunb.

- **分布区域**　长白山海拔800～1500 m处。生长在山坡、山谷及疏林中。花期5月。

- **花粉特征**　花粉长球形，极面观三裂，圆形，两极平截。极轴长29.8 (28～32) μm，赤道轴长15.1 (14～17) μm。具三沟，沟较深，沟长不达极点。花粉表面具不规则分布粗条纹，交错排列，条纹间具大小不一的椭圆形穴孔。

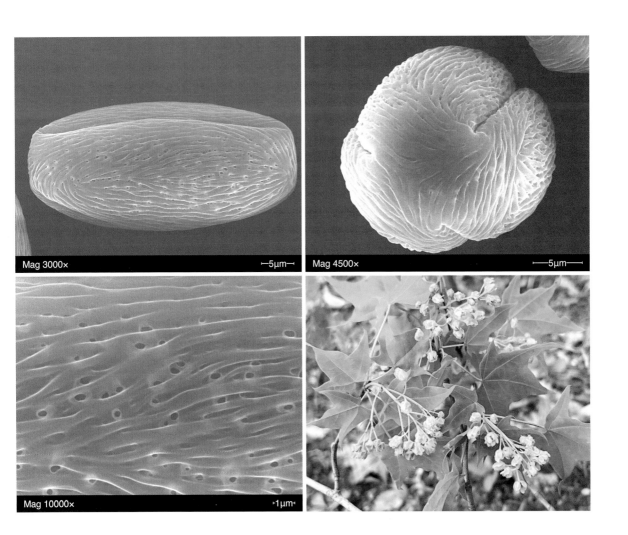

7 槭属 东北槭 *Acer mandshuricum* Maxim.

- **分布区域** 长白山海拔500～1400 m处。生长在阴坡地，常与其他树木混生在红松阔叶林和阔叶林内。花期6月。
- **花粉特征** 花粉长球形，极面观三裂，圆形。极轴长53.1 (52～55) μm，赤道轴长25.7 (25～28) μm。具三沟，沟长近达极点。沟较长且深，由两极至赤道逐渐变宽，孔膜内孔外突。花粉表面具沿两极方向交错分布的条纹，表面具穴状孔。

Mag 2000×　20μm

Mag 5000×　10μm

Mag 10000×　5μm

8　槭属　梣叶槭 *Acer negundo* L.

- **分布区域**　长白山海拔600 m以下的区域。生长在山坡地阔叶林及红松阔叶林等处。花期4～5月。
- **花粉特征**　花粉长球形，极面观三裂，圆形。极轴长35.7 (35～38) μm，赤道轴长25.5 (25～28) μm。具三深沟。花粉表面具不规则走向的网状纹饰，极点处光滑，纹间具穴状孔。

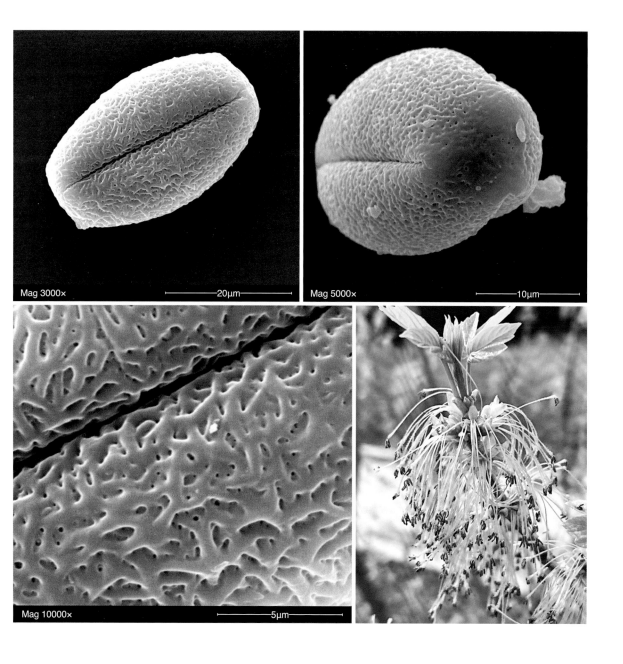

9 槭属　三花槭 *Acer triflorum* Kom.

- **分布区域**　长白山海拔400～1000 m处。生长在针叶林、阔叶混交林中和阔叶林中。花期4～5月。
- **花粉特征**　花粉长球形，极面观三裂，圆形。极轴长64.7 (63～66) μm，赤道轴长31.1 (30～33) μm。具三沟，沟较长且深，由两极至赤道逐渐变窄，孔膜内孔外突。沿两极方向，花粉表面多具纵向分布的条纹，表面具圆形至椭圆形大小不一的深穴状孔。

Mag 2000×　　　├—10μm—┤

Mag 3000×　　　├—5μm—┤

Mag 10000×　　　├—1μm—┤

1 **椴属**　紫椴 *Tilia amurensis* Rupr.

- **分布区域**　长白山海拔1200 m以下的区域。生长在杂木林或阔叶混交林中。花期7月。
- **花粉特征**　花粉扁球形，直径34.2 (33～36) μm。具三短沟，沟膜内具孔外突。花粉表面具穴状纹饰，网孔浅，网脊光滑。

2 椴属 辽椴 *Tilia mandshurica* Rupr. & Maxim.

- **分布区域** 长白山海拔1300 m以下的区域。生长在山坡及森林内，与其他阔叶乔木混生。花期7月。
- **花粉特征** 花粉扁球形，直径37.3 (36～40) µm。具三短沟，沟膜内具孔外突。花粉表面密被不规则网状纹饰，网孔深，网脊强烈突出。

3 木槿属　野西瓜苗 *Hibiscus trionum* L.

- **分布区域**　长白山海拔600～1200 m处。生长在山坡、河谷及林缘湿润处，喜光。花期7～8月。
- **花粉特征**　花粉大型，球形，直径113.6 (110～117) µm。花粉表面密布长锐刺，刺长11.2～11.6 µm；除长刺外，表面其他区域较粗糙，具大小不一的疣状突起或瘤状突起。

1 **酢浆草属** 酢浆草 *Oxalis corniculata* L.

- **分布区域** 长白山海拔1400 m以下的区域。生长在林缘、林下水湿地处、沟谷及溪水旁。花期7～8月。

- **花粉特征** 花粉近圆形，极面观三裂，圆形。极轴长20.2 (18～22) μm，赤道轴长14.3 (13～16) μm。具三沟，沟较窄。花粉表面具网状纹饰，网孔较大，形状不一，网孔底部具疣状突起，极点表面光滑。

2 酢浆草属　山酢浆草 *Oxalis griffithii* Edgew. & Hook. f.

- **分布区域**　本种为外来植物种。分布于长白山海拔800 m以下的区域。生长在山坡草地、河谷沿岸、路边、田边、荒地及林下阴湿处等。花期7～8月。
- **花粉特征**　花粉长球形，极面观三裂，圆形。极轴长22.5 (21～25) μm，赤道轴长11.6 (11～14) μm。具三沟，沟长不达极点。花粉表面具网状纹饰，网脊突出，网孔形状不规则，较深，网孔底部具疣状突起。

Mag 5000×　10μm　　Mag 10000×　5μm

兰科 Orchidaceae

1 杓兰属　紫点杓兰 *Cypripedium guttatum* Sw.

- **分布区域**　长白山海拔2000～2500 m处。生长在苔原带苔藓上，与牛皮杜鹃、薹草、地榆等高山植被混生。花期6～7月。
- **花粉特征**　花粉近六面体状，直径15.7 (15.0～16.5) µm。花粉表面光滑，具少量褶皱。每面具凹坑，坑内表面光滑。

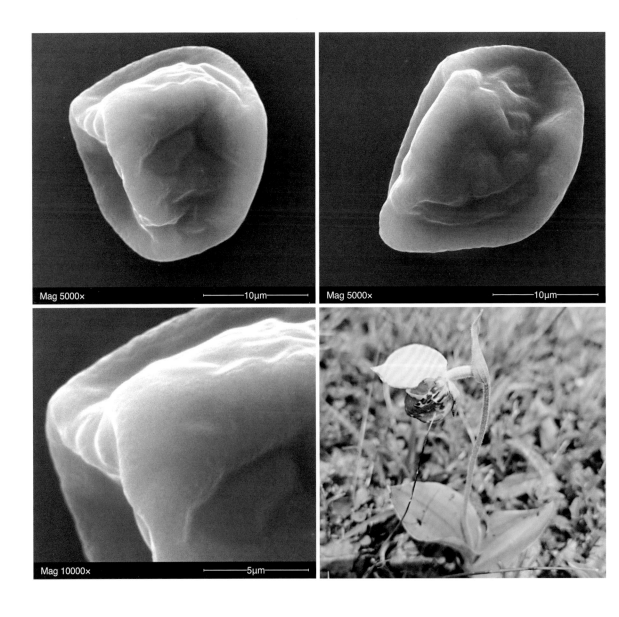

1 **薹草属** 蟋蟀薹草 *Carex eleusinoides* Turcz. ex Kunth

莎草科 Cyperaceae

- **分布区域**　长白山海拔2000～2600 m处。生长在苔原带苔藓上，与牛皮杜鹃、地榆等混生。花期7～8月。
- **花粉特征**　花粉近球形，直径32.1 (31～34) μm。具大散孔8～10个，孔圆形，直径9.6～12.7 μm，均匀分布于整个花粉球面上，孔膜上具数量不同的颗粒。花粉表面粗糙，具浅凹坑。

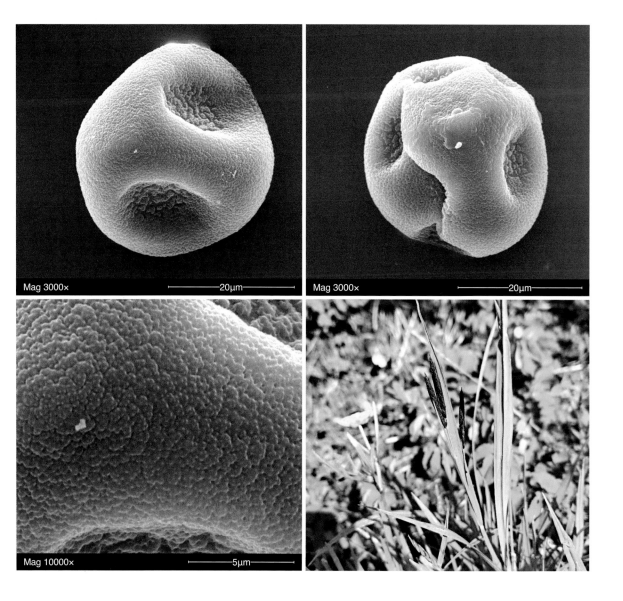

2 薹草属 毛缘薹草 *Carex pilosa* Scop.

- **分布区域**　长白山海拔1800 m以下的区域。生长在潮湿林下环境、水湿地及潮湿的低洼地的阔叶林内。花期4～5月。
- **花粉特征**　花粉长球形，极面观圆三角形。极轴长40.4 (39～42) μm，赤道轴长24.7 (24～27) μm。具三沟，沟长不达极点，沟较宽，沟内膜凹凸不平，具疣状突起。花粉表面具大小不一的微刺状纹饰，刺短，基部较小。

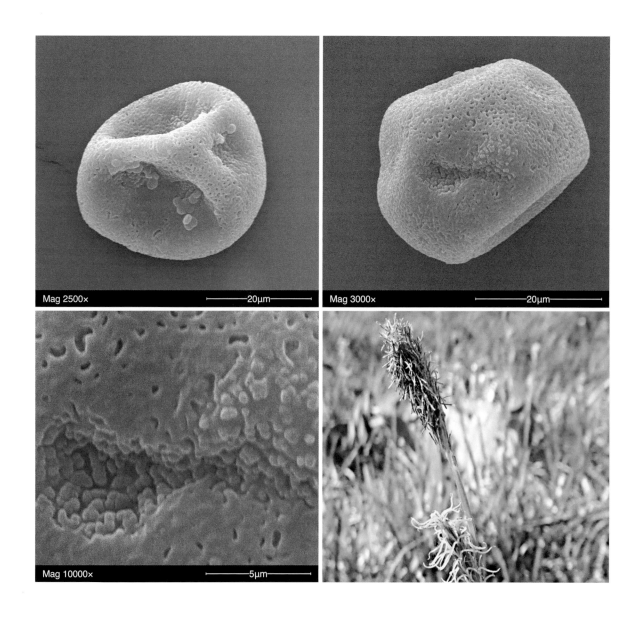

3　**薹草属**　青绿薹草　*Carex breviculmis* R. Br.

- **分布区域**　长白山海拔2000 m以下的区域。生长在山坡、草地、路边、山谷、沟边、林下及林缘等处，喜相对空旷的区域。花期5～6月。
- **花粉特征**　花粉近球形，直径28.6 (27～31) μm。具大散孔4～6个，孔圆形，直径11.5～13.6 μm，分布于整个花粉球面上。孔膜上具大小不一的疣状突起。花粉表面粗糙，密被刻点。

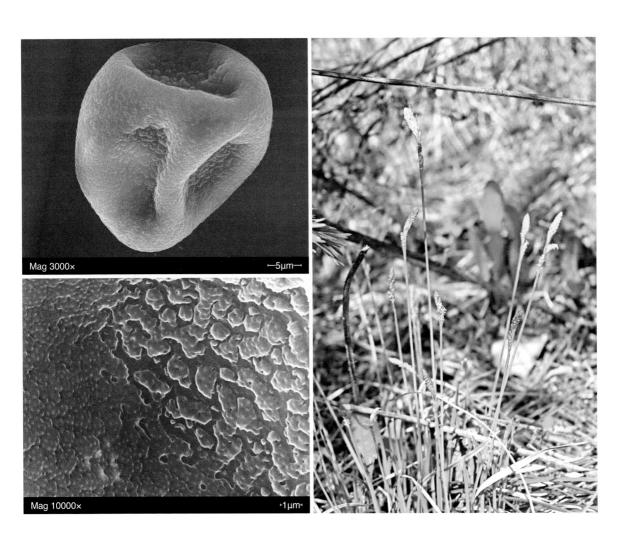

Mag 3000×　⊢5μm⊣

Mag 10000×　⊢1μm⊣

绣球科

Hydrangeaceae

1 **山梅花属** 东北山梅花 *Philadelphus schrenkii* Rupr.

- **分布区域** 长白山海拔600～1200 m处。生长在林下、林缘、沟谷及坡地灌丛等处。花期6～7月。
- **花粉特征** 花粉长球形，极面观三裂，近圆形至椭圆形。极轴长21.4 (20～23) µm，赤道轴长10.7 (9～12) µm。具三沟，沟膜内孔外突。花粉表面具不规则形网状纹饰，网脊较浅，网膜内近光滑。

Mag 3000× ———10µm

Mag 6000× ———5µm

Mag 10000× ———5µm

2 **溲疏属** 东北溲疏 *Deutzia parviflora* var. *amurensis* Regel

- **分布区域**　长白山海拔800以下的区域。生长在杂木林、灌丛、林缘及山岗坡地等处。花期6月。
- **花粉特征**　花粉圆球形，直径19.1 (18～21) μm。具大散孔6～8个，孔圆形，直径5.1～9.8 μm，均匀分布于整个花粉球面上，孔膜上具数量不同的颗粒，孔膜外突呈乳状。花粉表面其他区域光滑，具浅穴状孔。

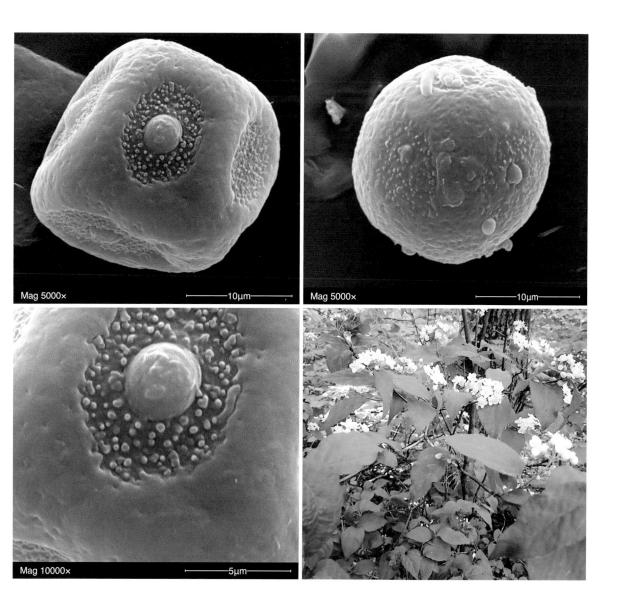

1 芍药属 草芍药 *Paeonia obovata* Maxim.

- **分布区域** 长白山海拔800～1600 m处。生长在林下、林缘及山坡草地等处。花期6月。
- **花粉特征** 花粉近圆球形，直径29.5 (28～32) μm。具三沟，内孔外突，沟膜具皱网状纹饰。花粉表面具网状纹饰，网眼较小，圆形。

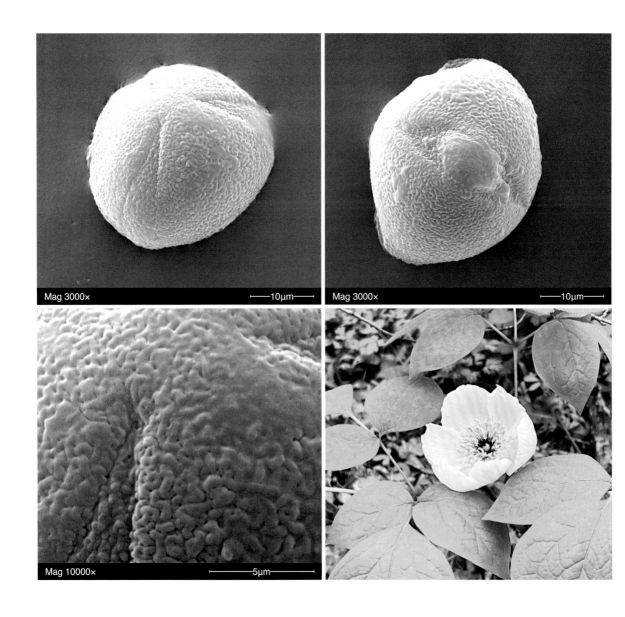

1 兔尾苗属 东北穗花 *Pseudolysimachion rotundum* subsp. *subintegrum* (Nakai) D. Y. Hong

- **分布区域** 长白山海拔600～1200 m处。生长在草甸、林缘草地及林中。花期7～8月。
- **花粉特征** 花粉长球形，极面观三裂，圆形。极轴长52.9 (51～55) μm，赤道轴长26.5 (25～29) μm。具三沟。花粉表面具交错条纹状纹饰。

车前科 Plantaginaceae

Mag 2000× 20μm

Mag 10000× 5μm

2 **兔尾苗属** 兔儿尾苗
Pseudolysimachion longifolium (L.) Opiz

- 分布区域　长白山海拔800～1500 m处。生长在草甸、山坡草地、林缘草地及桦木林下。花期7～8月。
- 花粉特征　花粉圆球形，直径21.3 (20～23) μm。具三浅沟，沟较宽，沟内膜具较多疣状突起，均匀分布于整个沟内膜上。花粉表面其他区域光滑。

3 　车前属　　平车前 *Plantago depressa* Willd.

- **分布区域**　长白山海拔600～1000 m处。生长在林间、路旁、草地及山坡空旷区域。花期7～8月。
- **花粉特征**　花粉球形，直径21.1 (20～24) μm。具散孔12～14个，孔内具不规则疣状突起。花粉表面不平整，具微刺状纹饰。

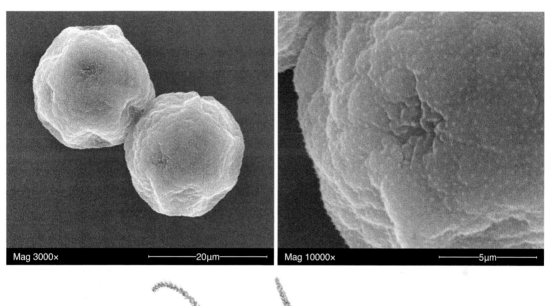

Mag 3000×　　　20μm　　　Mag 10000×　　　5μm

4 腹水草属 草本威灵仙
Veronicastrum sibiricum (L.) Pennell

- 分布区域　长白山海拔800～1600 m处。生长在路边、山坡、草地及灌丛内。花期7～8月。
- 花粉特征　花粉超长球形，极面观三裂，圆形，极点较钝。极轴长21.5 (21～23) μm，赤道轴长11.5 (10～13) μm。具三沟，沟宽长，未到达两极。花粉表面具浅穴状纹饰。

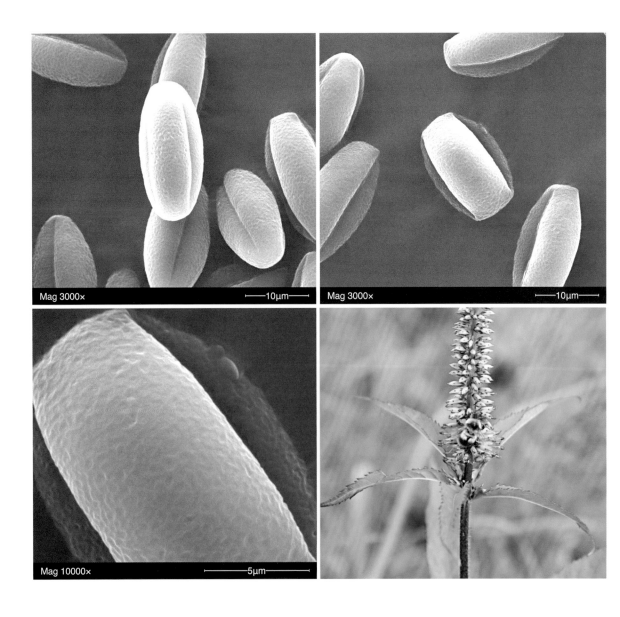

Mag 3000×　——10μm

Mag 3000×　——10μm

Mag 10000×　——5μm

1 梓属 梓 *Catalpa ovata* G. Don

- **分布区域**　长白山海拔500～800 m处。生长在低洼山沟或河谷、低缓山坡处。花期7月。
- **花粉特征**　花粉四合体，球形，直径41.2 (40～44) μm。无萌发孔，单个花粉由几十个圆形单花粉组成。花粉表面具粗网状纹饰。

紫葳科 Bignoniaceae

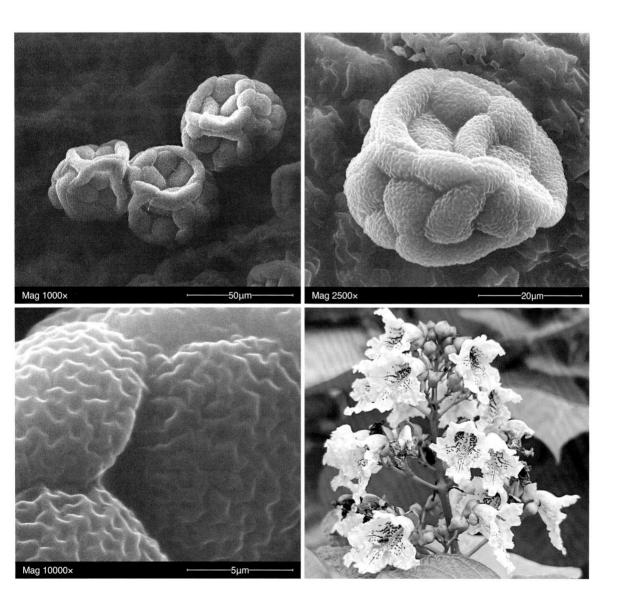

Mag 1000× 　50μm

Mag 2500× 　20μm

Mag 10000× 　5μm

卫矛科 Celastraceae

1 卫矛属　白杜 *Euonymus maackii* Rupr.

- **分布区域**　长白山海拔800～1200 m处。生长在山坡及林缘等光线充足的区域，与其他阔叶树混生。花期7月。

- **花粉特征**　花粉长球形，极面观三裂，圆形。极轴长21.8 (21～24) μm，赤道轴长19.7 (19～21) μm。具三沟，沟长不达极点，沟膜内孔外突，呈乳状。花粉表面具网纹状纹饰，网脊突出，网眼形状不规则，较深，极点处无深网孔，表面呈穴状凹陷。

2 卫矛属 卫矛 *Euonymus alatus* (Thunb.) Siebold

- **分布区域** 长白山海拔600~1200 m处。生长在山坡杂木林中、阔叶红松林或林缘。花期7~8月。

- **花粉特征** 花粉长球形，极面观三裂，圆形，极点稍钝。极轴长42.8 (42~50) μm，赤道轴长20.2 (19~22) μm。具三沟，沟狭长，不达极点。花粉表面具网纹状纹饰，网脊突出，网眼形状不规则，较深，但比白杜网眼浅。

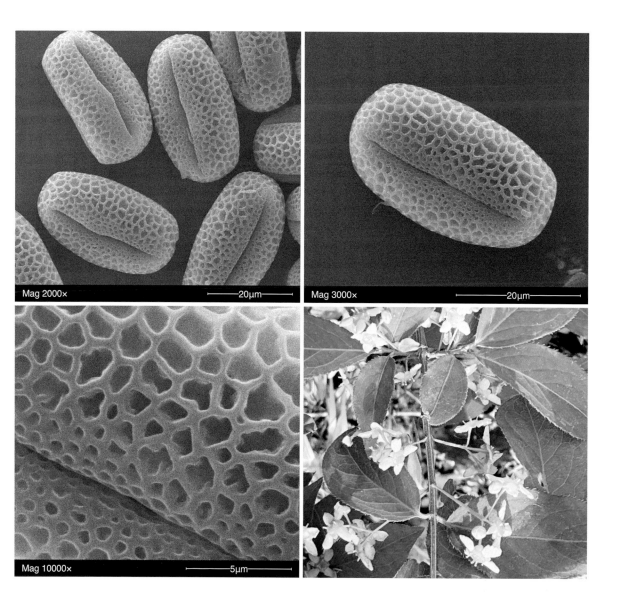

苋科 Amaranthaceae

1 藜属 藜 *Chenopodium album* L.

- **分布区域** 长白山海拔600～1200 m处。生长在林缘、山坡、溪水边及沟谷等阳光充足的区域。花期7～8月。

- **花粉特征** 花粉球形，直径18.8 (18～20) μm。具散孔60～64个，孔圆形，直径1～1.3 μm，均匀分布于整个花粉球面上，孔膜上具数量不同的颗粒。花粉表面密被均匀分布的颗粒状突起。

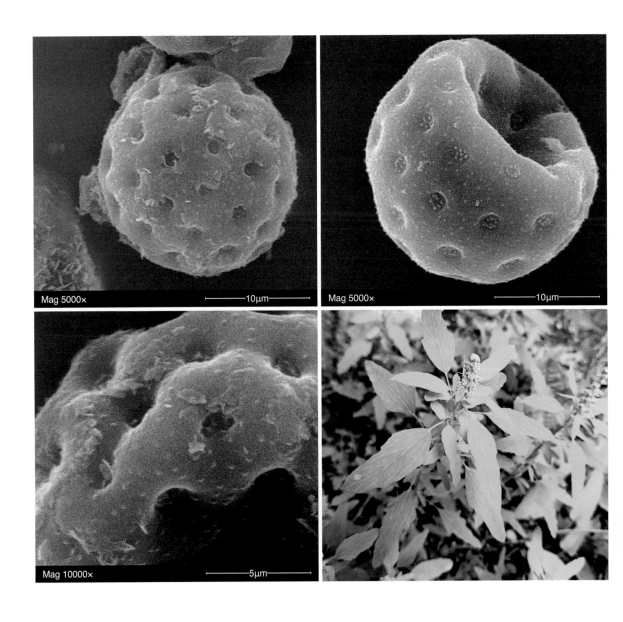

1 盐麸木属 火炬树 *Rhus typhina* L.

- **分布区域**　本种为人工栽培品种。分布于长白山海拔600~800 m处，绿化树木。花期7~8月。

- **花粉特征**　花粉长球形，极面观三裂，圆三角形。极轴长56.9 (55~58) μm，赤道轴长27.1 (26~29) μm。具三沟，沟狭长，近达极点。花粉表面具网纹状纹饰，网眼多圆形，大小不一，极点处光滑。

漆树科

Anacardiaceae

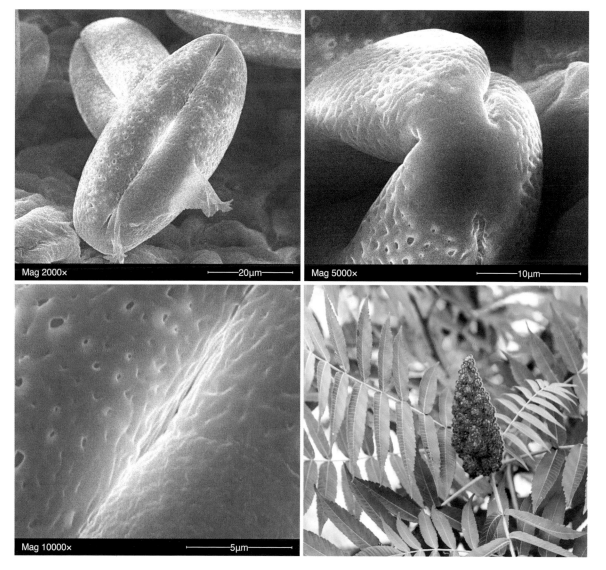

Mag 2000×　　20μm

Mag 5000×　　10μm

Mag 10000×　　5μm

1 早熟禾属　早熟禾 *Poa annua* L.

- **分布区域**　长白山海拔600～1500 m处。生长在林下、山坡、沟谷、溪流等处。花期7～8月。
- **花粉特征**　花粉呈不规则状，整体观近圆形，球面具三孔，孔凹陷。最宽处长21.6 (20～24) μm。花粉表面具短刺状纹饰。花粉覆盖层厚0.1～0.3 μm，柱状层厚0.11～0.2 μm，基层厚0.2～0.4 μm。花粉内层仅在萌发孔两侧发育。

2 黑麦草属 黑麦草 *Lolium perenne* L.

- **分布区域**　长白山海拔600～1400 m处。生长在林缘、林下、草地、山坡、沟谷及溪流等水湿处。花期7～8月。
- **花粉特征**　花粉四面体，其中三面花粉向内凹陷，花粉呈三脊状，直径43.3 (40～47) μm。花粉表面具短刺状纹饰。

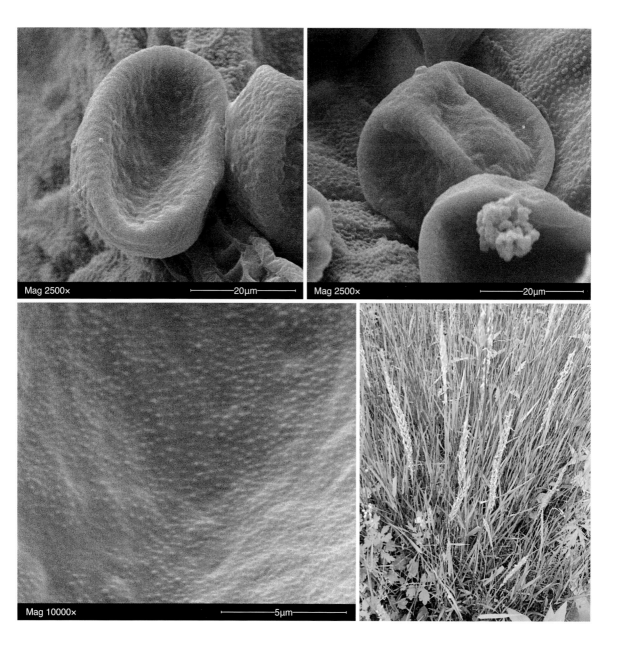

3 画眉草属 画眉草 *Eragrostis pilosa* (L.) P. Beauv.

- **分布区域** 长白山海拔600～1400 m处。生长在林缘、林下、草地、山坡、沟谷及溪流等水湿处。花期7～8月。
- **花粉特征** 花粉呈不规则状，整体观近圆形，球面具三孔，孔凹陷。最宽处长23.8 (22～26) μm。花粉表面具短刺状纹饰。花粉覆盖层厚0.2～0.3 μm，柱状层厚0.15～0.2 μm，基层厚0.4～0.6 μm。花粉内层仅在萌发孔两侧发育。

4 鹬草属 鹬草 *Phalaris arundinacea* L.

- **分布区域** 长白山海拔600～1800 m处。生长在林缘、林下、水湿地、沟谷及溪流等水湿处。花期7～8月。
- **花粉特征** 花粉十四面体，每面花粉向内凹陷，各边呈脊状突起，直径25.6 (22～27) μm。花粉表面具短刺状纹饰。

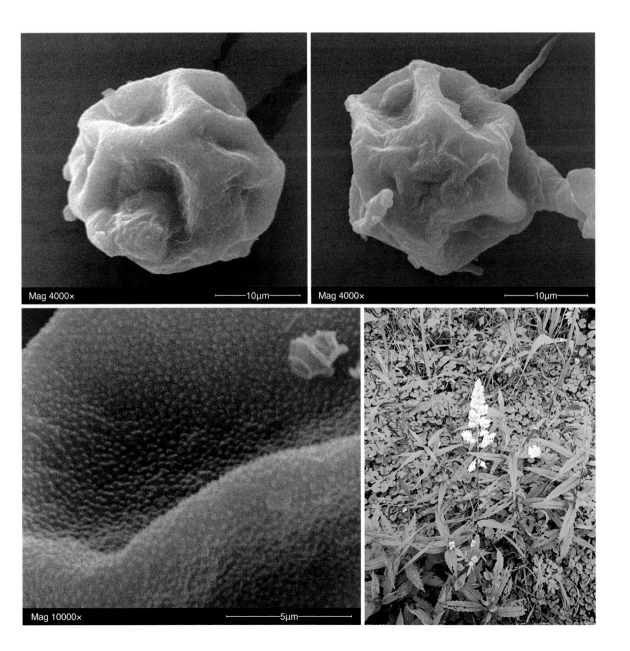

1 天女花属　天女花
Oyama sieboldii (K. Koch) N. H. Xia & C. Y. Wu

- 分布区域　长白山海拔1600～1800 m处。生长在湿润山谷、山坡及岩石缝隙等处，喜阴暗、潮湿的环境。花期7～8月。
- 花粉特征　花粉长球形，极面观三裂，圆三角形。极轴长34.2 (31～36) μm，赤道轴长22.1 (20～24) μm。具三沟，沟狭长。花粉表面具均匀分布的短刺状突起。

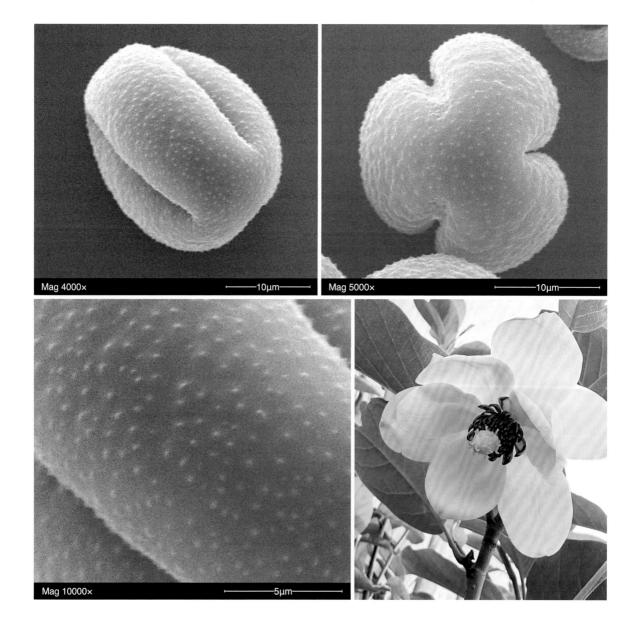

Mag 4000×　10μm

Mag 5000×　10μm

Mag 10000×　5μm

1 赤瓟属 赤瓟 *Thladiantha dubia* Bunge

- **分布区域** 长白山海拔600～1400 m处。生长在山坡、河谷及林缘湿润处，喜光。花期7～8月。

- **花粉特征** 花粉六合体，直径58.8 (56～61) μm。单花粉四面体，直径31.2 (27～34) μm。每面花粉向内凹陷，各边呈脊状突起。花粉表面凹凸不平。

葫芦科 Cucurbitaceae

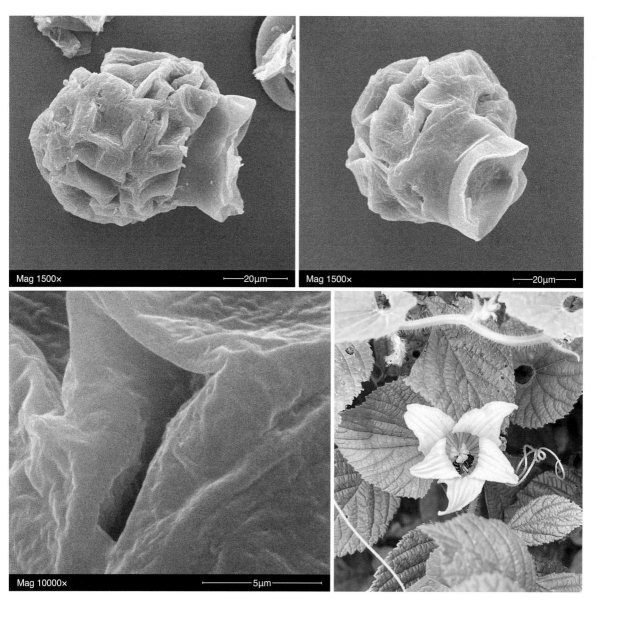

1 **薯蓣属** 穿龙薯蓣 *Dioscorea nipponica* Makino

- **分布区域** 长白山海拔1600 m以下的区域。生长在山间河谷两侧半阴半阳的山坡灌丛中及杂木林缘。花期6～7月。
- **花粉特征** 花粉长球形，两侧对称，极面观椭圆形，赤道一面观舟形，另一面观肾形。极轴长27.1 (26～29) μm，赤道轴长13.5 (12～14) μm。具一深沟，沟长达极点。花粉表面具网状纹饰，网孔不规则形状。

1 萱草属　小萱草 *Hemerocallis dumortieri* C. Morren

- **分布区域**　长白山海拔1000 m以下的区域。生长在草地、林缘、灌丛及沟谷间。花期6～7月。

- **花粉特征**　花粉长球形，两侧对称，极面观椭圆形，赤道面观舟形。极轴长95.7 (95～97) μm，赤道轴长37.1 (36～38) μm。具一深沟，沟长达极点。花粉表面具网状纹饰，网脊粗糙且较高，网孔内凹凸不平，具小疣状突起。

阿福花科 Asphodelaceae

2 萱草属　小黄花菜 *Hemerocallis minor* Mill.

- **分布区域**　长白山海拔1000 m以下的区域。生长在草地、林缘、灌丛及沟谷间。花期6～7月。
- **花粉特征**　花粉长球形，两侧对称，极面观椭圆形，赤道面观舟形，两极尖。极轴长87.3 (86～90) μm，赤道轴长31.0 (29～34) μm。具一深沟，沟长达极点。花粉表面具网状纹饰，网脊粗糙且较高，网较深，孔内疣状突起明显。

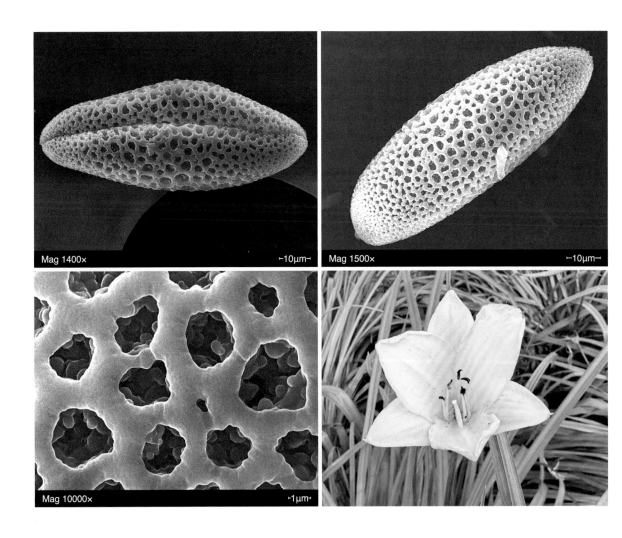

1 舞鹤草属 兴安鹿药 *Maianthemum dahuricum* (Turcz. ex Fisch. & C. A. Mey.) LaFrankie

- 分布区域　长白山海拔400～1000 m处。生长在阔叶红松林下。花期6～7月。
- 花粉特征　花粉长球形，赤道面观船形。极轴长48 (46～51) μm，两极圆，赤道轴长23.5 (21.2～25.1) μm。具单一远极槽，槽一面向下凹陷，明显低于另一面。花粉表面具细网状纹饰，网脊不明显，且似穴状小孔。

天门冬科

Asparagaceae

Mag 3000×　　—10μm—

Mag 3000×　　—10μm—

Mag 10000×　　—5μm—

2　**舞鹤草属**　鹿药
Maianthemum japonicum (A. Gray) LaFrankie

- **分布区域**　长白山海拔1000 m以下的区域。生长在杂木林、灌木、草地等处，喜阴。花期6～7月。
- **花粉特征**　花粉长球形，赤道面观船形。极轴长41.9 (40～45) μm，两极圆，赤道轴长15.7 (14～19) μm。具单一远极槽，槽一面向下凹陷，明显低于另一面。花粉表面具网状纹饰，网脊明显，网孔形状不规则，大小不一。

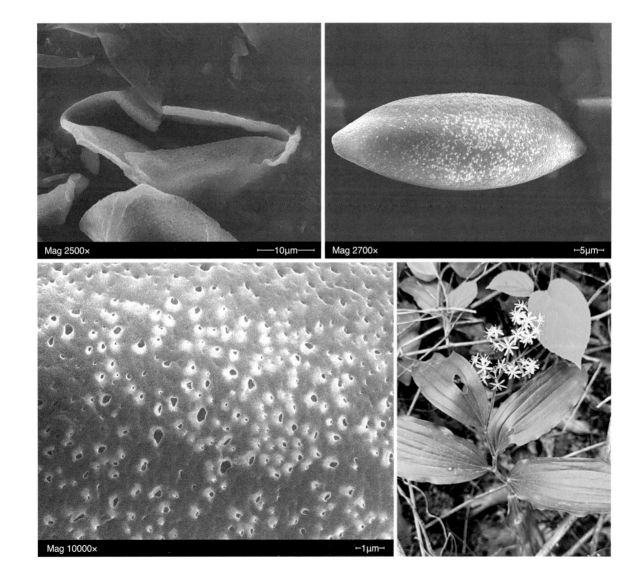

Mag 2500×　├──10μm──┤

Mag 2700×　├─5μm─┤

Mag 10000×　├─1μm─┤

3　舞鹤草属　舞鹤草
Maianthemum bifolium (L.) F. W. Schmidt

- **分布区域**　长白山海拔1200 m以下的区域。生长在乔木、灌木林下、林缘等阴暗环境，常分布于山区阴坡。花期6月。
- **花粉特征**　花粉长球形，赤道面观船形或长椭圆形。极轴长39.8 (38～43) μm，赤道轴长15.4 (13～18) μm。具单一远极槽，槽一面向下凹陷，明显低于另一面。花粉表面具网状纹饰，网脊不明显，花粉表面形成不规则浅穴孔，大小不一。

Mag 3000×　　⊢5μm⊣

Mag 3500×　　⊢5μm⊣

Mag 10000×　　⊢1μm⊣

4 玉簪属 东北玉簪 *Hosta ensata* F. Maek.

- **分布区域** 长白山海拔600 m以下的区域。生长在林下、湿生草丛、湿地及水流区域、沟边。花期8月。
- **花粉特征** 花粉长球形，极面观近椭圆形。极轴长109.6 (109～112) μm，赤道最长轴长54.3 (53～56) μm。赤道面观船形，另一赤道面观长椭圆形。具有单一远极沟（槽），沟较窄，沟内开口较大，有明显突起。花粉表面密被大型疣状突起。

5 黄精属 玉竹 *Polygonatum odoratum* (Mill.) Druce

- **分布区域**　长白山海拔1800 m以下的区域。生长在林下、阴湿地、山坡、草地等处，喜阴。花期5～6月。
- **花粉特征**　花粉极面观近椭圆形，赤道面观椭圆形。极轴长61.6（60～64）μm，赤道轴长25.8 (24～28) μm。具有单一远极沟（槽），沟较窄，沟内开口较大，有明显萌发孔。花粉表面密被形状不规则的穴状孔。

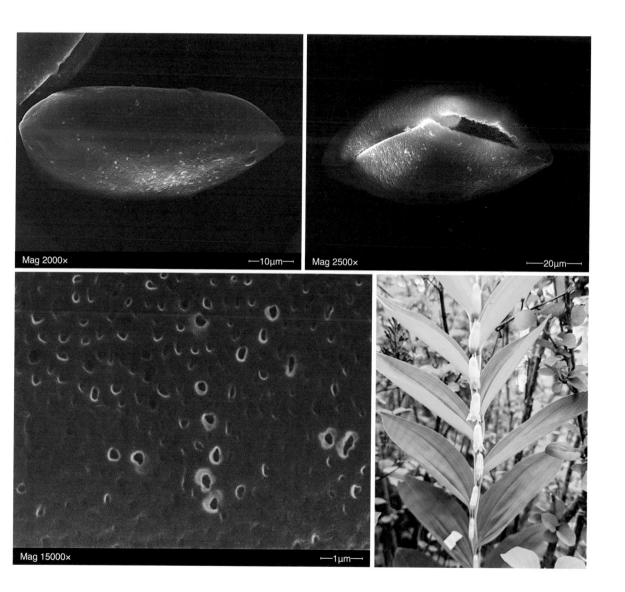

Mag 2000×　—10μm
Mag 2500×　—20μm
Mag 15000×　—1μm

夹竹桃科

Apocynaceae

1 **白前属** 潮风草 *Vincetoxicum ascyrifolium* Franch. & Sav.

- **分布区域** 长白山海拔1200 m以下的区域。生长在林下、林缘、山坡草地、沟旁及溪水旁，喜阳。花期6月。

- **花粉特征** 花粉球形，极面观三裂，圆形。极轴长21.7 (20～25) μm，赤道轴长20.1 (19～24) μm。具三沟，自赤道至两极逐渐收狭，孔膜内孔外突。花粉表面相对光滑，具少量浅穴状纹饰。

2 鹅绒藤属 萝藦

Cynanchum rostellatum (Turcz.) Liede & Khanum

- 分布区域　长白山海拔600～1000 m处。生长在林边、山脚、河边、路旁及灌丛中。花期7～8月。
- 花粉特征　花粉近球形，直径13.8 (13～16) μm。花粉表面具不规则凹陷，具2～4个孔突，孔突具疣状突起。花粉表面密被短刺状突起。

山矾科 | Symplocaceae

1 山矾属　白檀 *Symplocos tanakana* Nakai

- **分布区域**　长白山海拔1600 m以下的区域。生长在林下、山坡、灌丛、沟边及路旁。花期6月。
- **花粉特征**　花粉三角球形，各角端部具萌发孔，萌发孔内孔外突。外缘边长32.9 (31～36) μm，极点至外缘边29.5 (28～32) μm，厚19.3 (18～22) μm。花粉表面具网状纹饰，网孔不规则，大小不一。

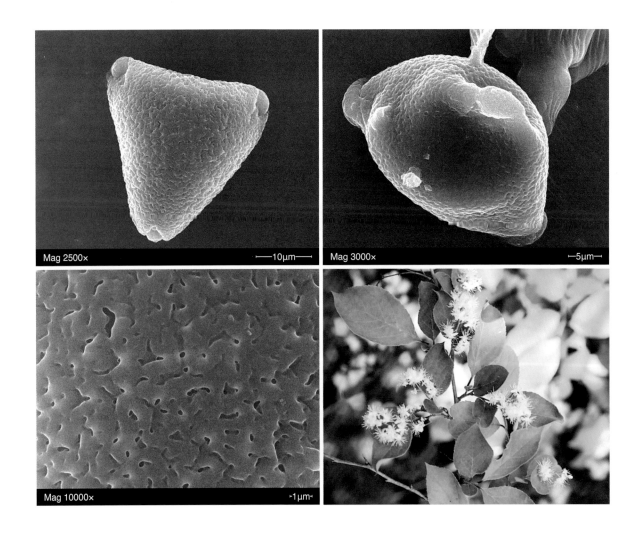

Mag 2500×　———10μm

Mag 3000×　——5μm

Mag 10000×　|—1μm—|

1 **黄檗属** 黄檗 *Phellodendron amurense* Rupr.

- **分布区域**　长白山海拔1200 m以下的区域。生长在杂木林中及沟谷旁、溪水旁等含水量较高的区域，喜阳。花期5月。
- **花粉特征**　花粉长球形，极面观三裂，圆形。极轴长43.1 (42～46) μm，赤道轴长23.8 (22～26) μm。花粉表面具网状纹饰，网脊隆起明显，网孔较大，底部不光滑褶皱，具少量疣状突起。

芸香科　Rutaceae

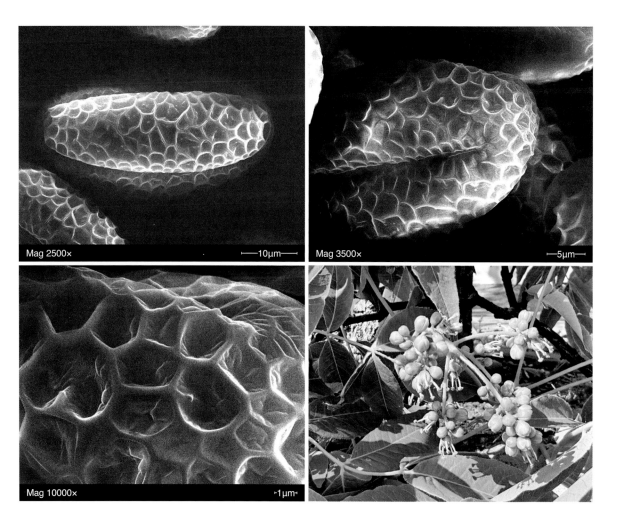

Mag 2500×　⊢10μm⊣

Mag 3500×　⊢5μm⊣

Mag 10000×　⊢1μm⊣

狝猴桃科 Actinidiaceae

1 狝猴桃属 软枣狝猴桃
Actinidia arguta (Siebold & Zucc.) Planch. ex Miq.

- **分布区域** 长白山海拔1000 m以下的区域。生长在杂木林中，常与乔灌木混生在山坡水湿地、溪水旁等含水量较高的区域。花期5～6月。
- **花粉特征** 花粉长球形，极面观三裂，圆形。极轴长21.9 (20～25) μm，赤道轴长15.6 (14～19) μm。具三沟，自赤道至两极逐渐收狭，沟内膜具不规则疣状突起，萌发孔突出。花粉表面粗糙，呈网状。

Mag 3500×   ⊢5μm⊣

Mag 4000×   ⊢5μm⊣

Mag 10000×   ⊢1μm⊣

2 狝猴桃属 葛枣猕猴桃
Actinidia polygama (Siebold & Zucc.) Maxim.

- **分布区域** 长白山海拔1000 m以下的区域。生长在阔叶混交林山坡、林缘、路旁，攀附灌木或大型乔木。花期5～6月。
- **花粉特征** 花粉长球形，极面观三裂，圆形。极轴长25.2 (24～30) μm，赤道轴长12.5 (12～16) μm。具三沟，自赤道至两极逐渐收狭，沟内膜具不规则疣状突起，萌发孔突出。花粉表面网状，粗糙。

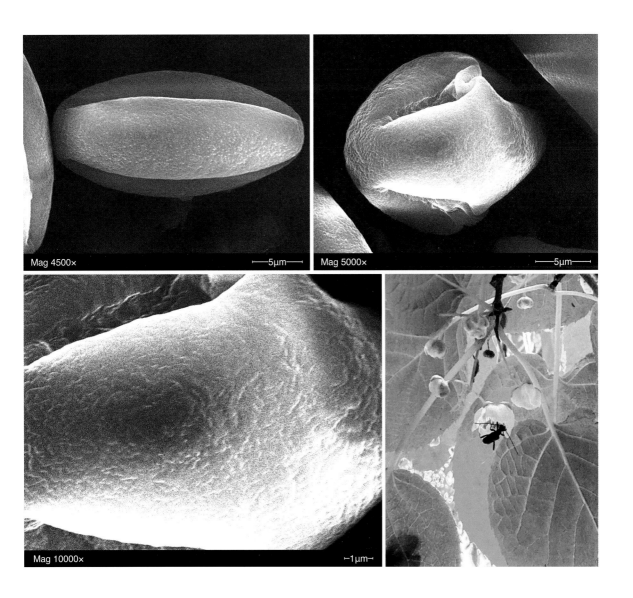

1 **凤仙花属** 水金凤 *Impatiens noli-tangere* L.

- **分布区域** 长白山海拔1000～1800 m处。生长在林缘及林下等阴湿处，以及沟谷溪流、河水旁。花期7～8月。

- **花粉特征** 花粉长球形，极面观单裂，椭圆形。极轴长27.3 (26～28) μm，赤道轴长18.9 (17～20) μm。花粉表面具网状纹饰，网孔内具不规则突起，形状及大小不一。

Mag 4000×　　　　　10μm

Mag 5000×　　　　　10μm

Mag 10000×　　　　　5μm

1 通泉草属　通泉草 *Mazus pumilus* (Burm. f.) Steenis

- **分布区域**　长白山海拔1800 m以下的区域。生长在林下、林缘、草地、沟边及路旁。花期5～7月。
- **花粉特征**　花粉长球形，极面观三裂，圆形。极轴长36.9 (35～38) μm，赤道轴长17.2 (16～19) μm。具三浅沟，沟较长，近达极点。花粉表面具较少穴状纹饰，多网状纹饰，网眼明显，形状及大小不一，圆形较多。

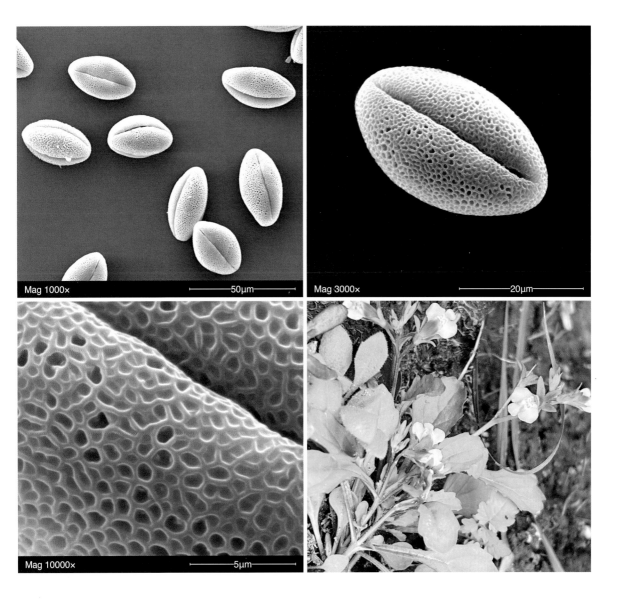

Mag 1000×　　50μm

Mag 3000×　　20μm

Mag 10000×　　5μm

通泉草科 Mazaceae

1　荨麻属　狭叶荨麻
Urtica angustifolia Fisch. ex Hornem

- **分布区域**　长白山海拔600～1400 m处。生长在林缘、河边、沟谷、溪水边及湿地等湿润的区域。花期7～8月。
- **花粉特征**　花粉近球形，直径14.7 (13～17) μm。花粉表面具不规则凹陷，具4～6个孔突，孔突内具疣状突起。花粉表面密被短刺状突起。

Mag 3000×　　20μm
Mag 8000×　　5μm
Mag 10000×　　5μm

1 **鸭跖草属**　鸭跖草　*Commelina communis* L.

- **分布区域**　长白山海拔600～1200 m处。生长在湿地、沟渠及溪流等处。花期7～8月。

- **花粉特征**　花粉长球形，极面观三裂。极轴长43.9 (42～45) μm，赤道轴长38.1 (36～39) μm。具三沟，沟较短，内孔外突，呈乳状。花粉表面具网状纹饰，穴孔大小不一。

Mag 2000×　　　　20μm

Mag 10000×　　　　5μm

1 番薯属　圆叶牵牛 *Ipomoea purpurea* (L.) Roth

- **分布区域**　长白山海拔1000 m以下的区域。生长在路边、沟旁、沟谷及林缘等处。花期7～8月。

- **花粉特征**　花粉大型，球形，直径124.3 (122～127) μm。花粉表面密布长钝刺状突起，刺长11.6～12.5 μm，除长刺外，表面其他区域具稀疏且大小不一的疣状突起。

1 葎草属　葎草 *Humulus scandens* (Lour.) Merr.

- **分布区域**　长白山海拔1000 m以下的区域。生长在路旁、沟谷、林缘及林下。花期7～8月。
- **花粉特征**　花粉呈不规则球状。花粉最宽处长23.8 (22～26) μm。花粉表面均匀分布3个萌发孔，孔内层为海绵状结构。花粉表面密被短刺状纹饰。

Mag 5000×　　　10μm

Mag 5000×　　　10μm

Mag 10000×　　　5μm

1 千屈菜属　千屈菜 *Lythrum salicaria* L.

- **分布区域**　长白山海拔1200 m以下的区域。生长在阔叶混交林缘、溪水边、河水旁及沟谷等水湿地。花期7～8月。
- **花粉特征**　花粉长球形，极面观六裂，圆形。极轴长26.6 (25～29) μm，赤道轴长14.8 (13～16) μm。具六沟，沟中间宽，至两极逐渐变窄，沟长近达极点，内孔外突，沟膜具不规则疣状突起。花粉表面具不规则交错条纹纹饰。

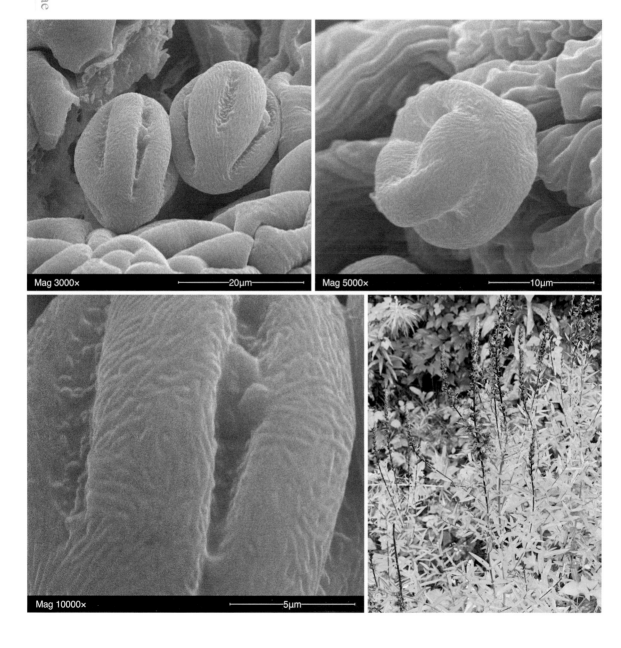

Mag 3000×　　20μm

Mag 5000×　　10μm

Mag 10000×　　5μm

1 **龙胆属** 高山龙胆 *Gentiana algida* Pall.

- **分布区域** 长白山海拔2000～2400 m处。生长在苔原带石砾间，常与其他苔原植被混生。花期7～8月。

- **花粉特征** 花粉长球形，极面观三裂，近圆形。极轴长44.1 (43～46) μm，赤道轴长18.8 (18～21) μm。具三沟，沟膜粗糙，沟膜内孔外突。花粉表面具沿两极走向的近平行条纹纹饰，具穴状孔。

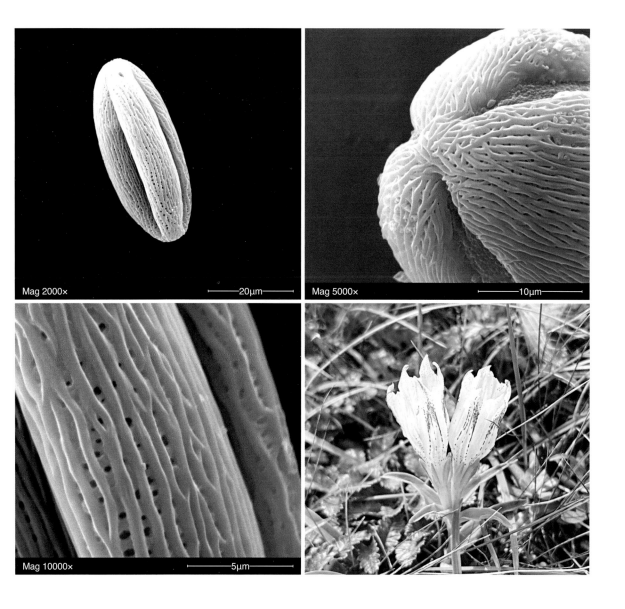

Mag 2000×　　　20μm

Mag 5000×　　　10μm

Mag 10000×　　　5μm

1 **鲜黄连属** 鲜黄连 *Plagiorhegma dubium* Maxim.

- 分布区域　长白山海拔1000 m以下的区域。生长在阔叶林和红松阔叶林下、山坡灌丛间、草地、沟边及路旁。花期4～5月。

- 花粉特征　花粉长球形，极面观三裂，圆形。极轴长38.1 (37～40) μm，赤道轴长21.4 (20～23) μm。具三深沟，沟较长达极点。花粉表面具网状纹饰，纵横交错，网眼明显，形状及大小不一。

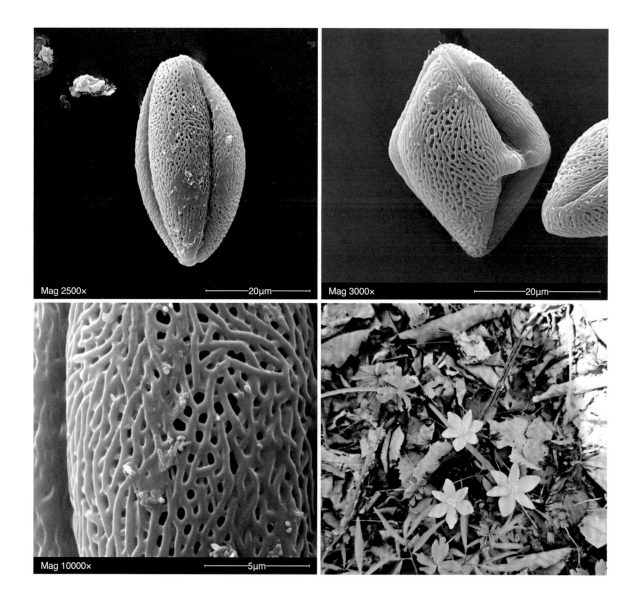

1 **栎属** 蒙古栎 *Quercus mongolica* Fisch. ex Ledeb.

- **分布区域**　长白山海拔600 m以下的区域。在向阳坡形成纯林，也与其他林木混生，喜阳光充足且相对干旱的土壤条件。花期5月。
- **花粉特征**　花粉长球形。极轴长37.5 (36～41) μm，赤道轴长28.7 (27～31) μm。具三纵沟，达极点，于极点汇合，萌发孔突出。极面观圆三角形。花粉表面粗糙，具沿两极方向分布的纹饰。

Mag 3000×　　　⊢5μm⊣

Mag 10000×　　　1μm

第三章

昆虫及其体壁携带花粉的形态特征

鞘翅目　Coleoptera

天牛科　*Cerambycidae*

1　曲纹花天牛
Leptura annularis Fabricius

　　体壁携带已知植物花粉为东北山梅花、紫椴花粉；未知植物花粉7种。

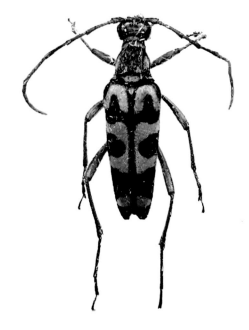

Mag 3000×　　　—10μm—

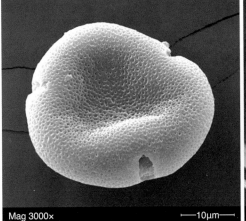

Mag 3000×　　　—10μm—

Mag 3000×　　　—10μm—

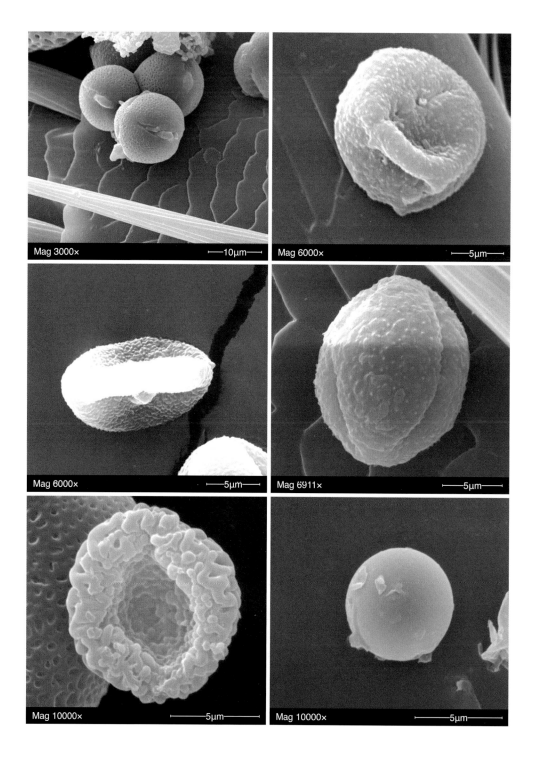

② 十二斑花天牛 *Leptura duodecimguttata* Fabricius

体壁携带已知植物花粉为尖被藜芦、落新妇花粉；未知植物花粉3种。

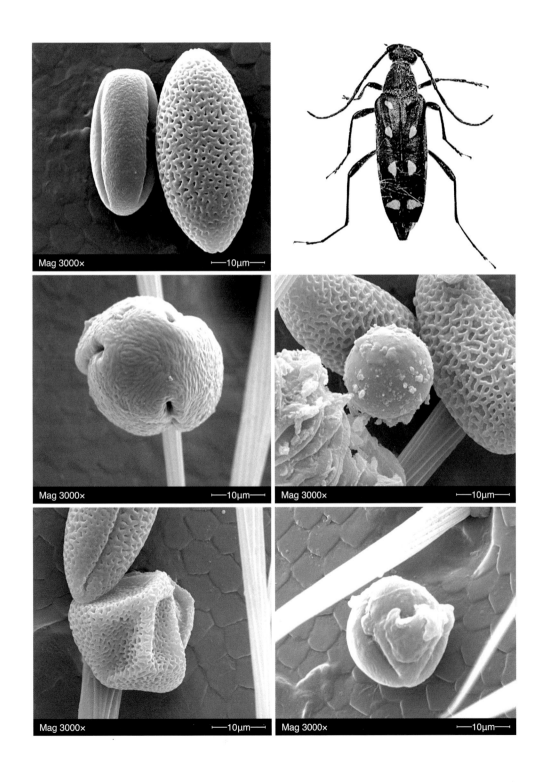

3 橡黑花天牛
Leptura aethiops Poda

　　体壁携带已知植物花粉为尖被藜芦、落新妇、细叶孩儿参、土庄绣线菊、一年蓬花粉；未知植物花粉7种。

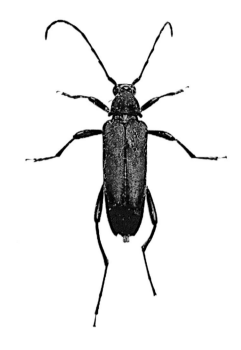

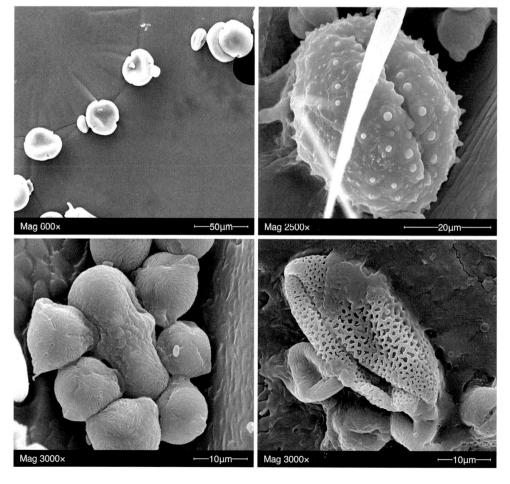

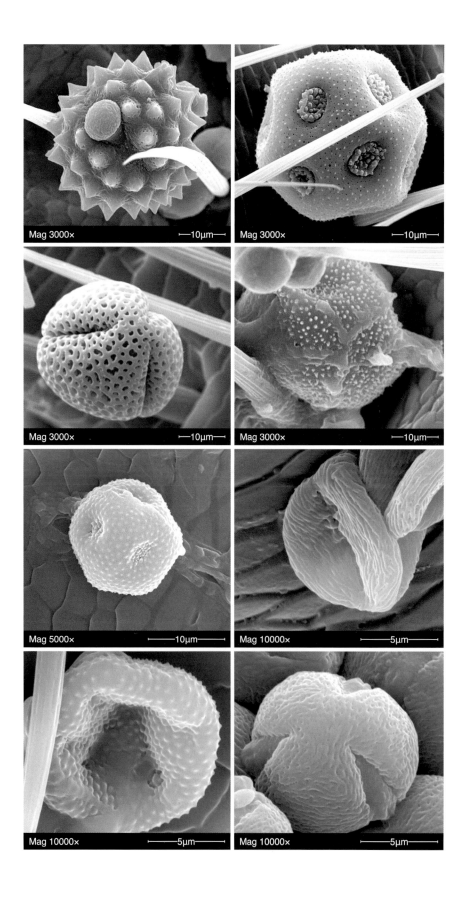

4 黑胸驼花天牛
Pidonia gibbicollis (Blessig)

体壁携带已知植物花粉为高山瞿麦、小窃衣、散花唐松草、细叶孩儿参花粉；未知植物花粉2种。

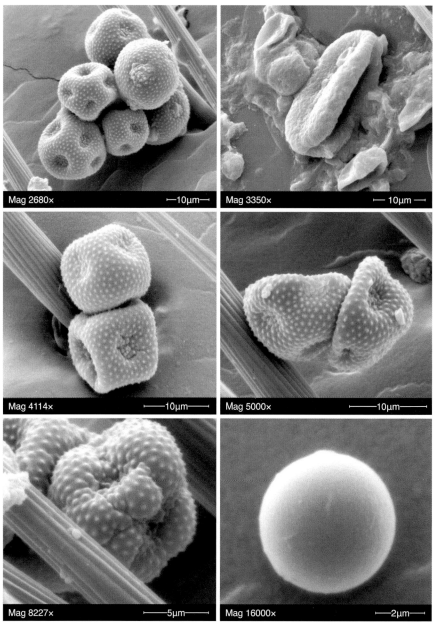

Mag 2680× ——10μm	Mag 3350× ——10μm
Mag 4114× ——10μm	Mag 5000× ——10μm
Mag 8227× ——5μm	Mag 16000× ——2μm

5 淡胫驼花天牛
Pidonia debilis (Kraatz)

体壁携带已知植物花粉为假升麻花粉；未知植物花粉2种。

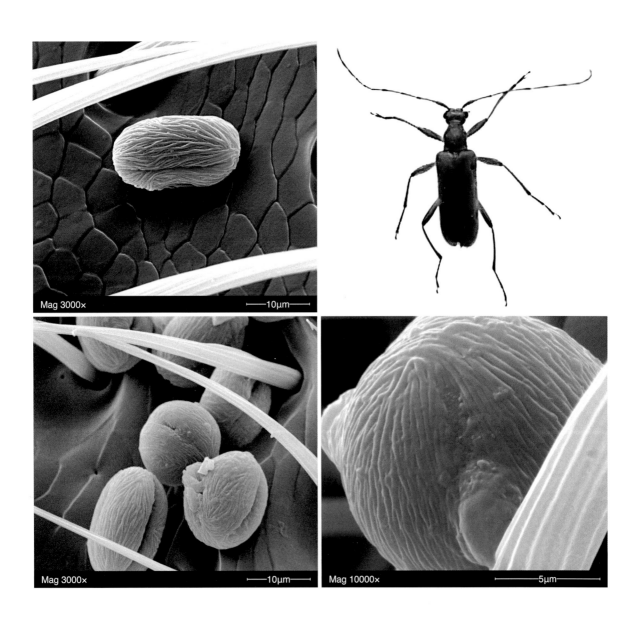

6 红翅裸花天牛
Nivellia sanguinosa (Gyllenhal)

体壁携带已知植物花粉为假升麻花粉；
未知植物花粉3种。

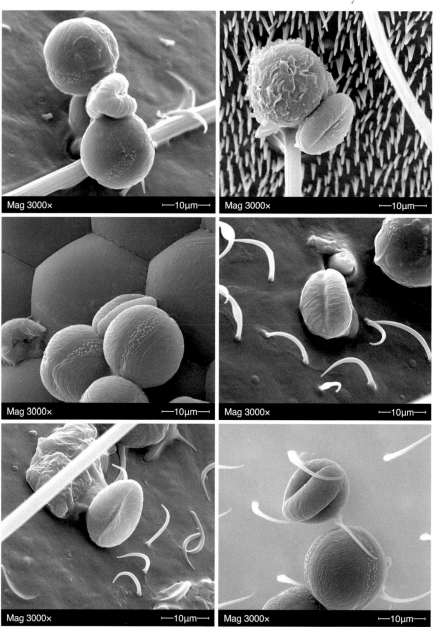

7 格氏肿腿花天牛 *Oedecnema gebleri* (Ganglbauer)

体壁携带已知植物花粉为高山瞿麦、棱子芹、小窃衣、圆苞紫菀花粉；未知植物花粉4种。

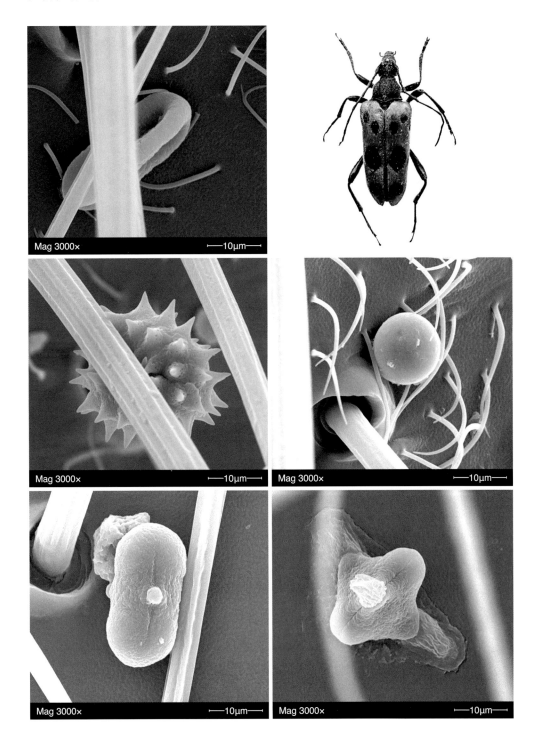

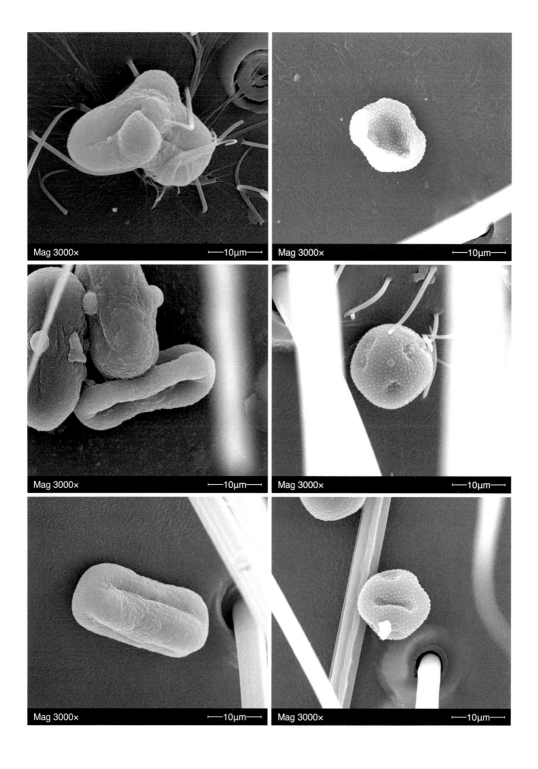

8 黑胫短翅花天牛 *Brachyta interrogationis* (L.)

体壁携带已知植物花粉为小窃衣、高山瞿麦、长白狗舌草、辽椴、突节老鹳草花粉；未知植物花粉7种。

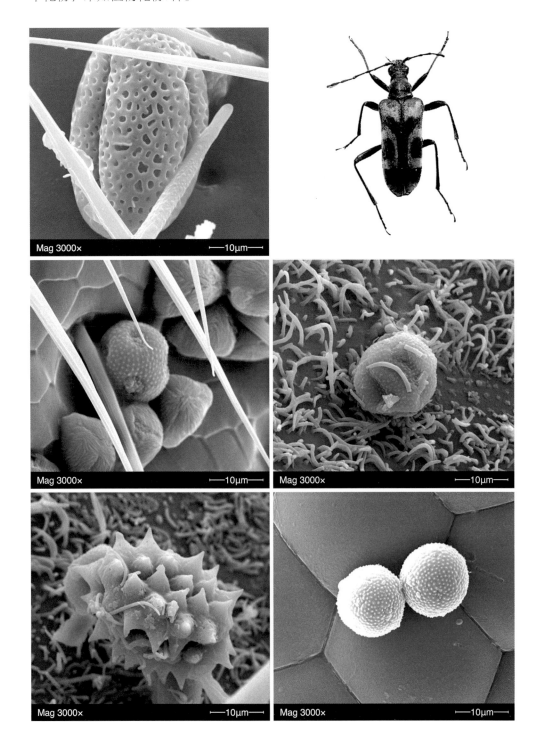

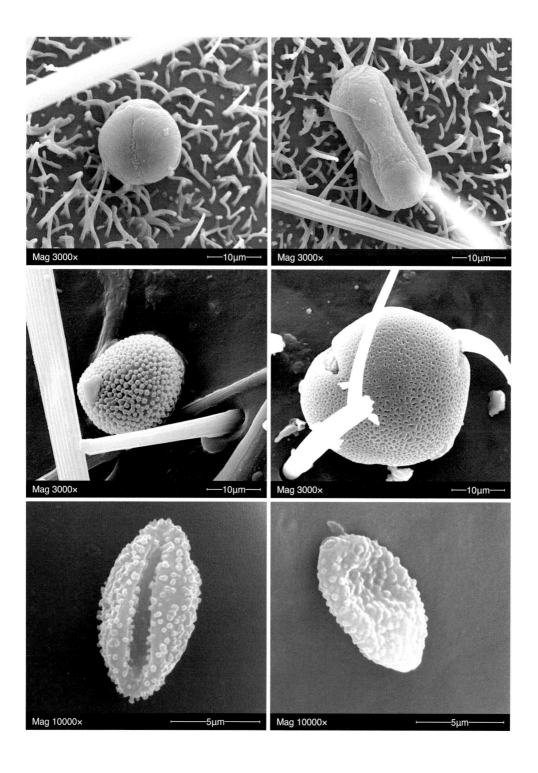

9 北亚伪花天牛 *Anastrangalia sequensi* Reitter

体壁携带已知植物花粉为假升麻、楞子芹、中华苦荬菜花粉；未知植物花粉 4种。

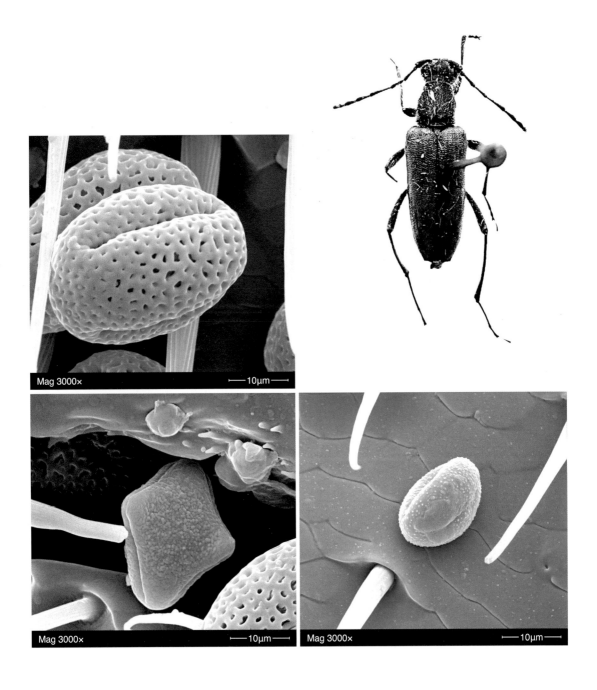

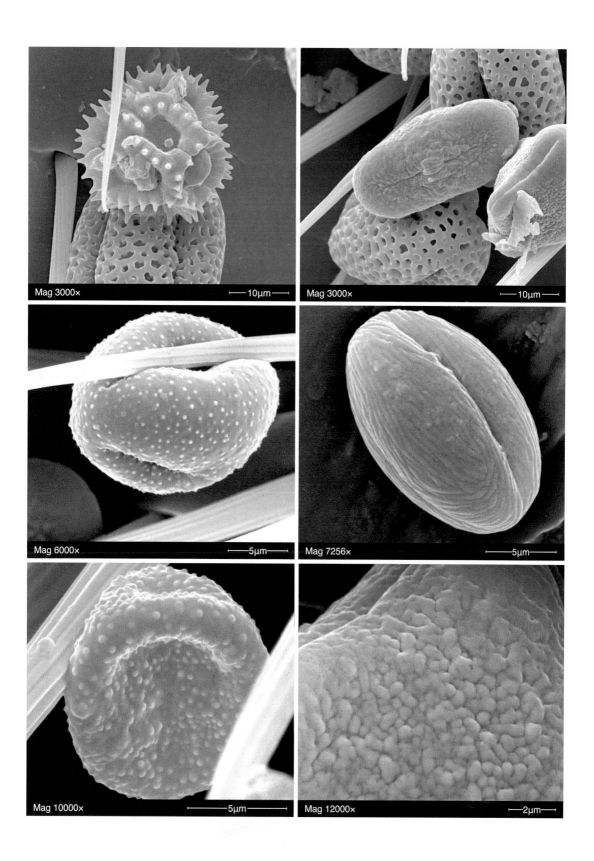

10 粗点拟矩胸花天牛
Pseudalosterna misella (Bates)

体壁携带已知植物花粉为小窃衣、毛茛花粉；未知植物花粉4种。

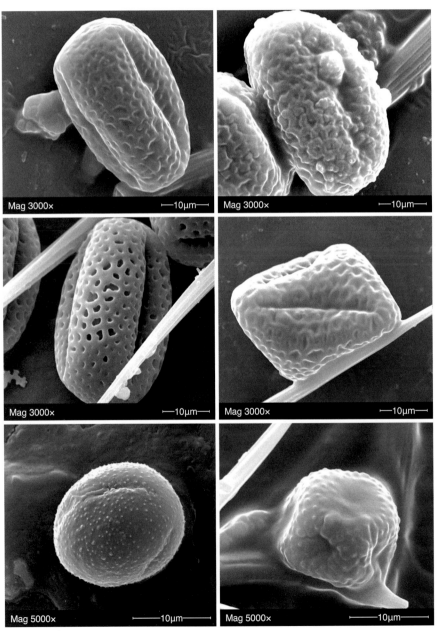

Mag 3000× ⊢——10μm

Mag 3000× ⊢——10μm

Mag 3000× ⊢——10μm

Mag 3000× ⊢——10μm

Mag 5000× ⊢——10μm

Mag 5000× ⊢——10μm

11 灰绿眼花天牛
Euracmaeops smaragdulus (Fabricius)

体壁携带已知植物花粉为蔓孩儿参花粉；未知植物花粉4种。

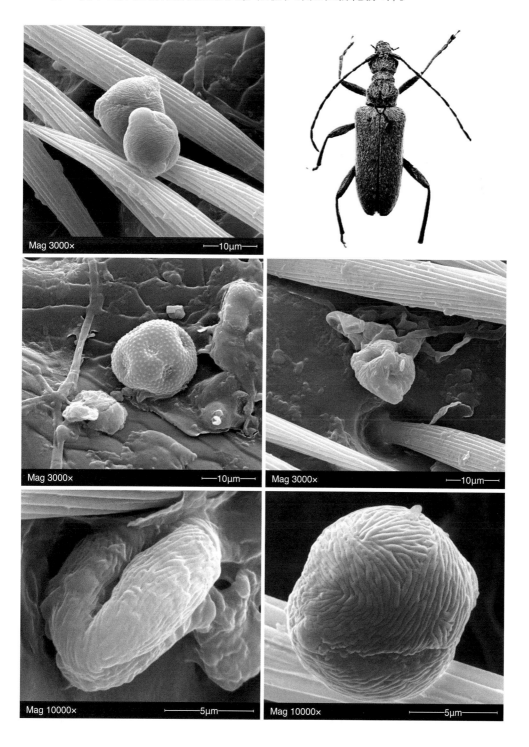

12 蓝突肩花天牛 *Anoploderomorpha cyanea* (Gebler)

体壁携带已知植物花粉为假升麻、棱子芹、细叶孩儿参花粉；未知植物花粉2种。

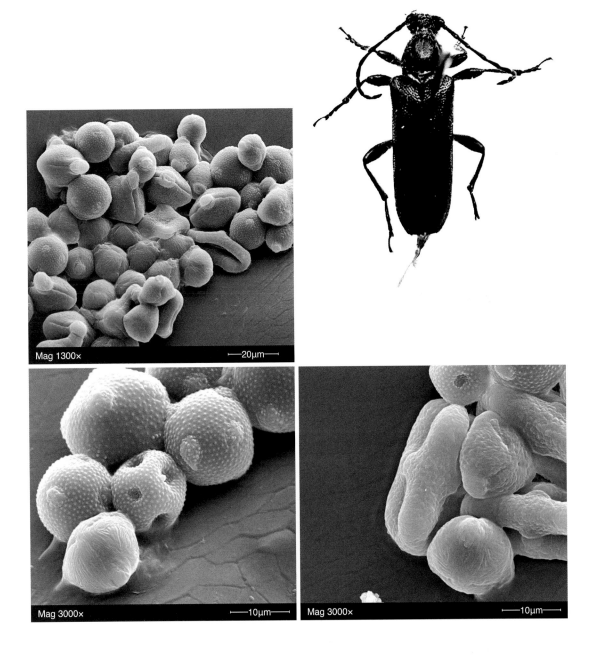

13 六斑凸胸花天牛 *Judolia dentatofasciata* (Mannerheim)

体壁携带已知植物花粉为高山瞿麦、假升麻、小窃衣花粉；未知植物花粉3种。

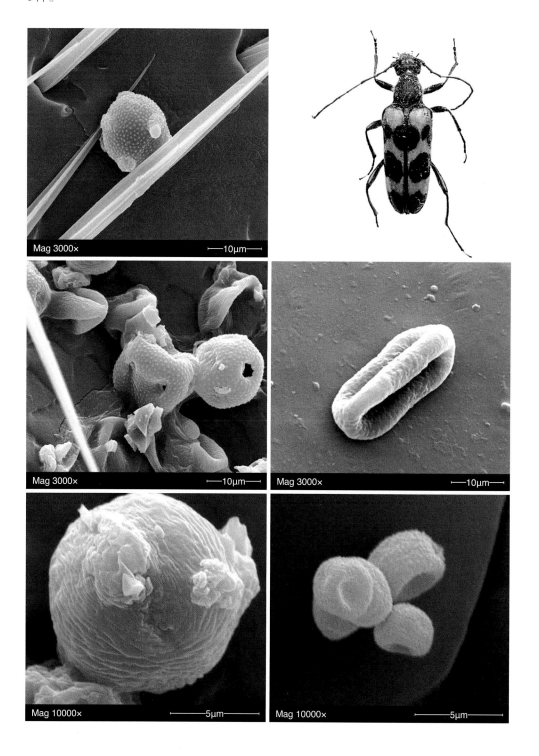

14 黑缝锯胸花天牛
Alosterna tabacicolor erythropus (Gebler)

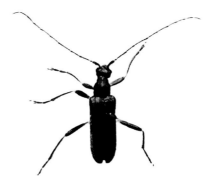

　　体壁携带已知植物花粉为小窃衣、糙叶败酱、高山瞿麦花粉；未知植物花粉4种。

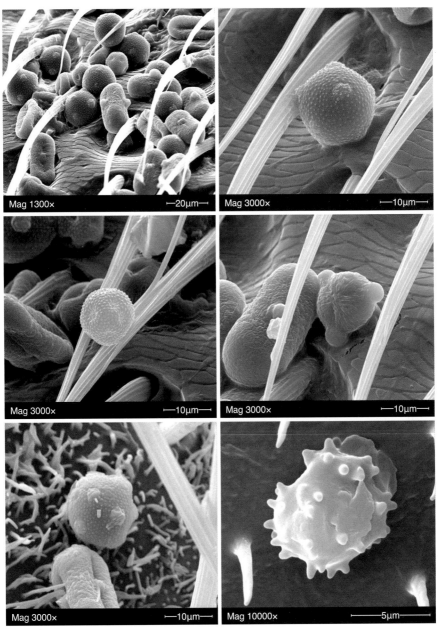

15 色角斑花天牛
Stictoleptura variicornis (Dalman)

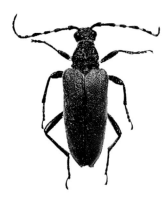

体壁携带已知植物花粉为鸢尾、高山瞿麦、土庄绣线菊花粉；未知植物花粉6种。

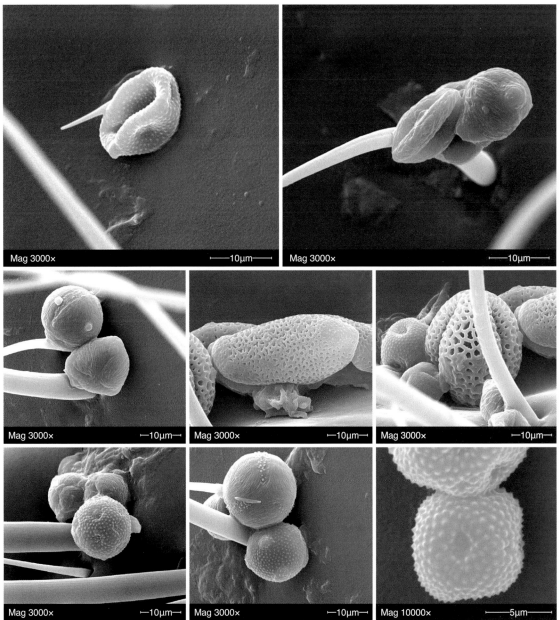

Mag 3000× ——10μm	Mag 3000× ——10μm
Mag 3000× ——10μm	Mag 3000× ——10μm	Mag 3000× ——10μm
Mag 3000× ——10μm	Mag 3000× ——10μm	Mag 10000× ——5μm

16 双斑厚花天牛 *Pachyta bicuneata* Motschulsky

　　体壁携带已知植物花粉为高山瞿麦、蔓孩儿参、土庄绣线菊花粉；未知植物花粉4种。

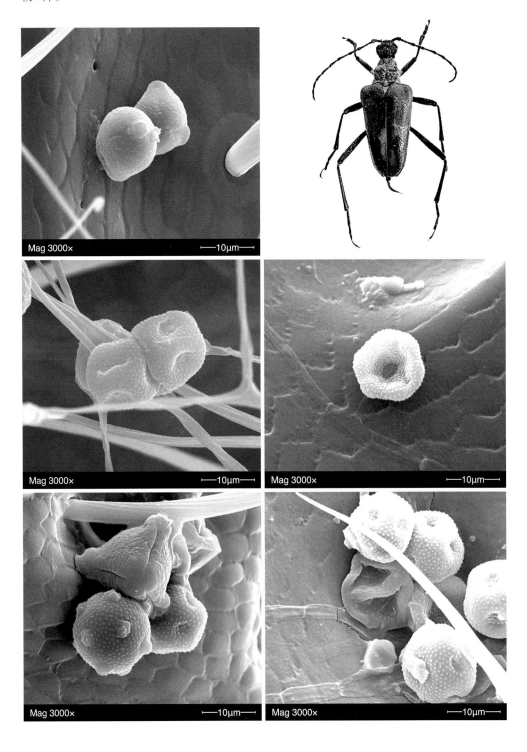

17 小截翅眼花天牛
Dinoptera minuta (Gebler)

体壁携带已知植物花粉为假升麻、高山瞿麦花粉；未知植物花粉2种。

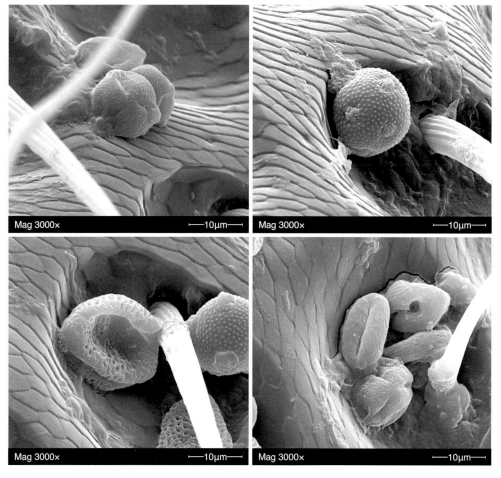

18　六斑绿虎天牛
Chlorophorus simillimus (Kraatz)

体壁携带已知植物花粉为高山瞿麦、小窃衣、棱子芹花粉；未知植物花粉4种。

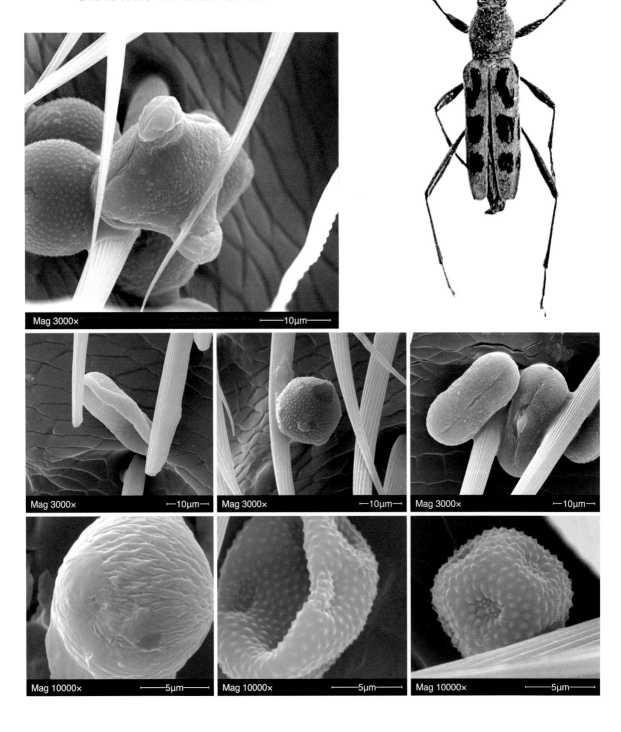

19 杨柳绿虎天牛

Chlorophorus motschulskyi (Ganglbauer)

体壁携带已知植物花粉为高山瞿麦花粉；未知植物花粉1种。

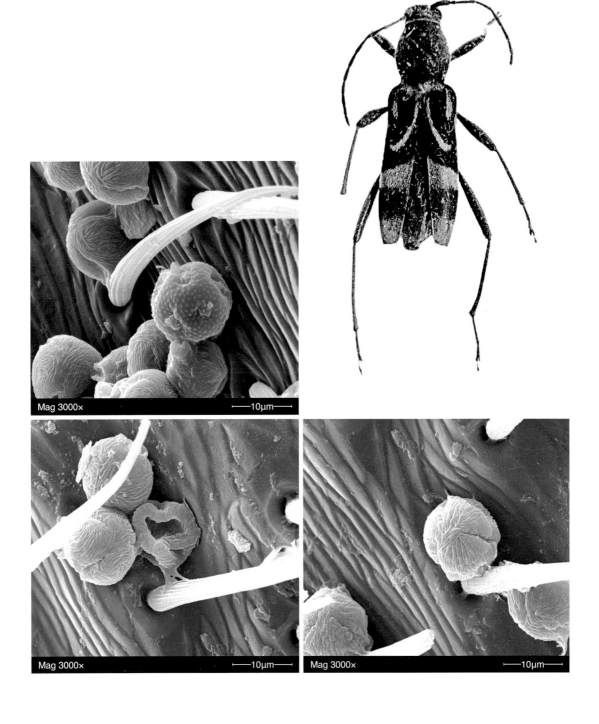

20 黄纹曲虎天牛
Cyrtoclytus capra (Germar)

体壁携带已知植物花粉为黑水当归、小窃衣花粉；未知植物花粉4种。

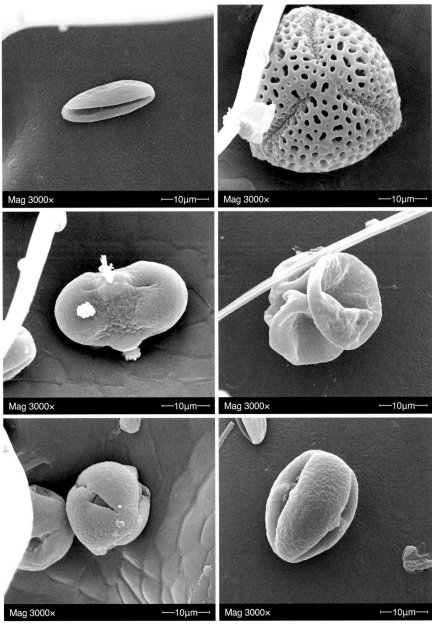

21 大麻多节天牛 *Agapanthia daurica* Ganglbauer

体壁携带已知植物花粉为高山瞿麦、小窃衣花粉；未知植物花粉3种。

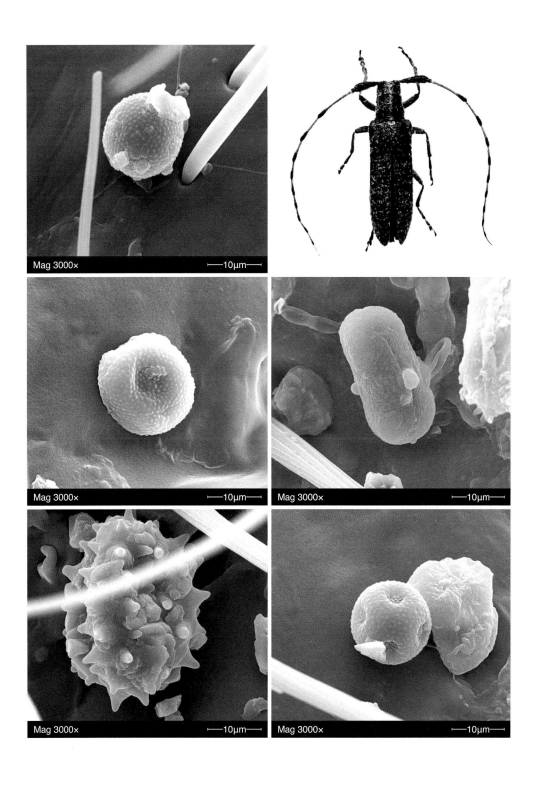

（一）花金龟亚科 Cetoniinae

1 黄斑短突花金龟
Glycyphana fulvistemma Motschulsky

体壁携带已知植物花粉为鸢尾、尖被藜芦花粉；未知植物花粉1种。

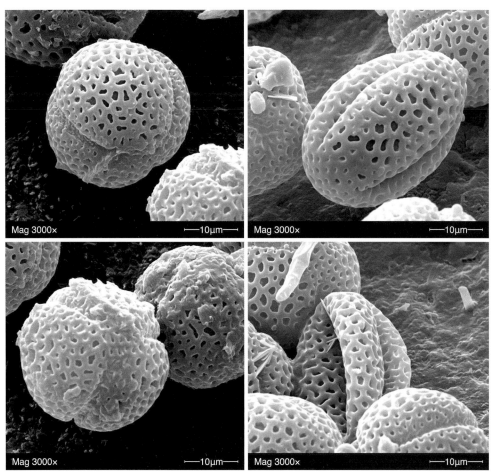

2 小青花金龟 *Gametis jucunda* (Faldermann)

体壁携带已知植物花粉为尖被藜芦、小窃衣花粉；未知植物花粉5种。

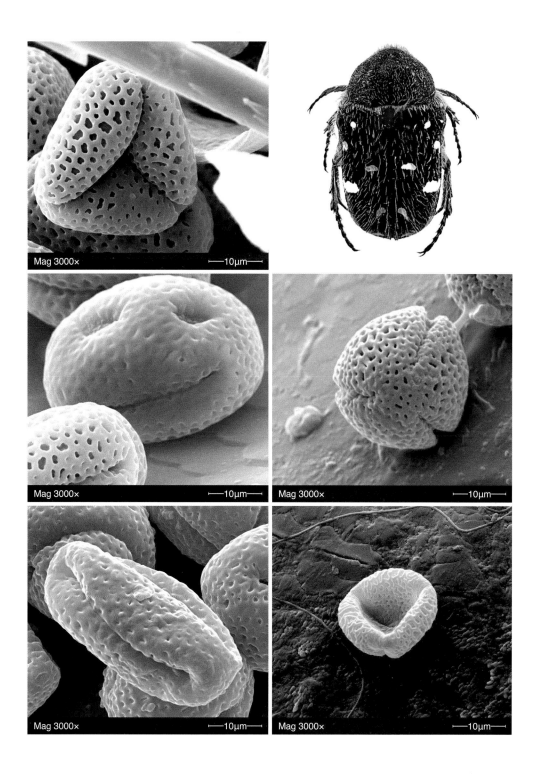

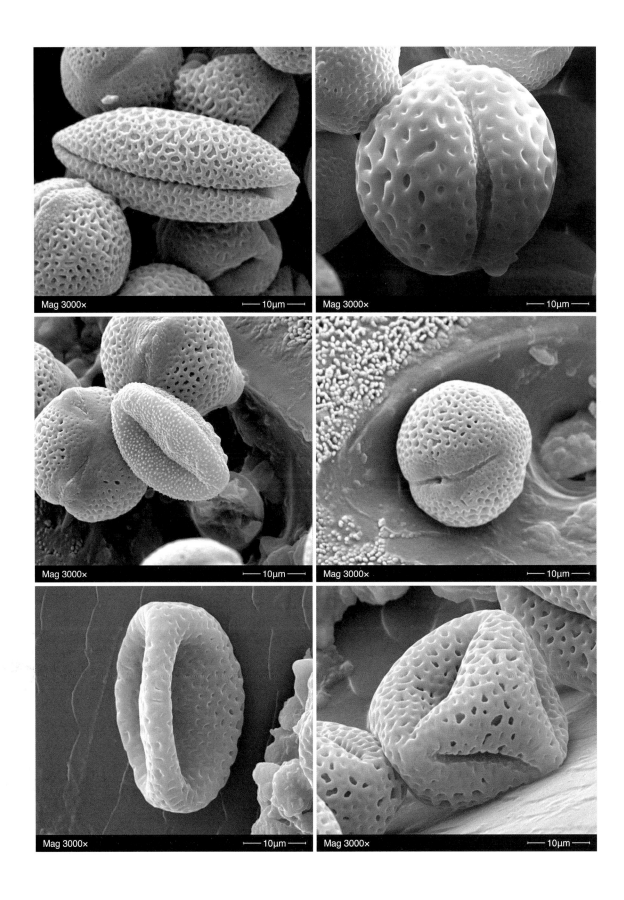

（二）丽金龟亚科 Rutelinae

3 苹毛丽金龟
Proagopertha lucidula (Faldermann)

体壁携带植物花粉6种，体壁携带已知植物花粉为高山瞿麦、棱子芹；未知植物花粉4种。

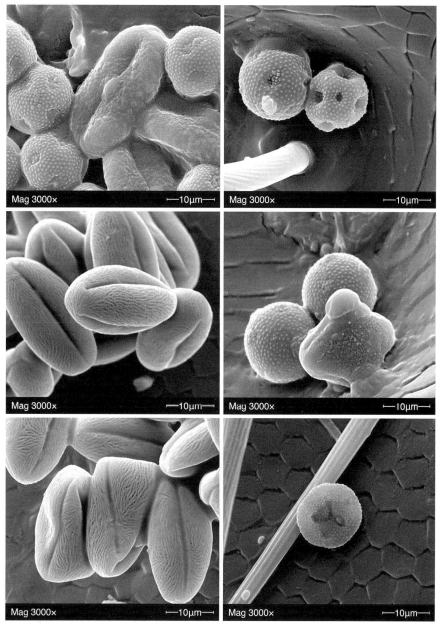

（三）斑金龟亚科 Trichiinae

4 短毛斑金龟 *Lasiotrichius succinctus* (Pallas)

体壁携带已知植物花粉为光叶刺玫蔷薇、蒲公英、东北山梅花花粉；未知植物花粉3种。

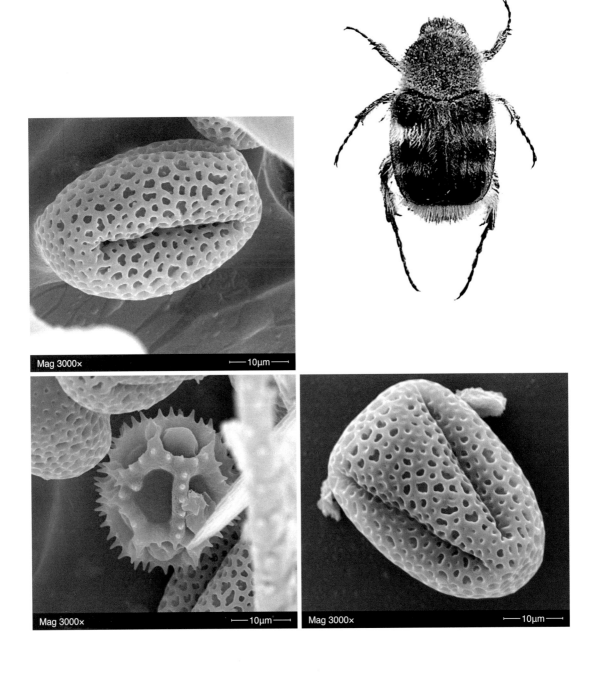

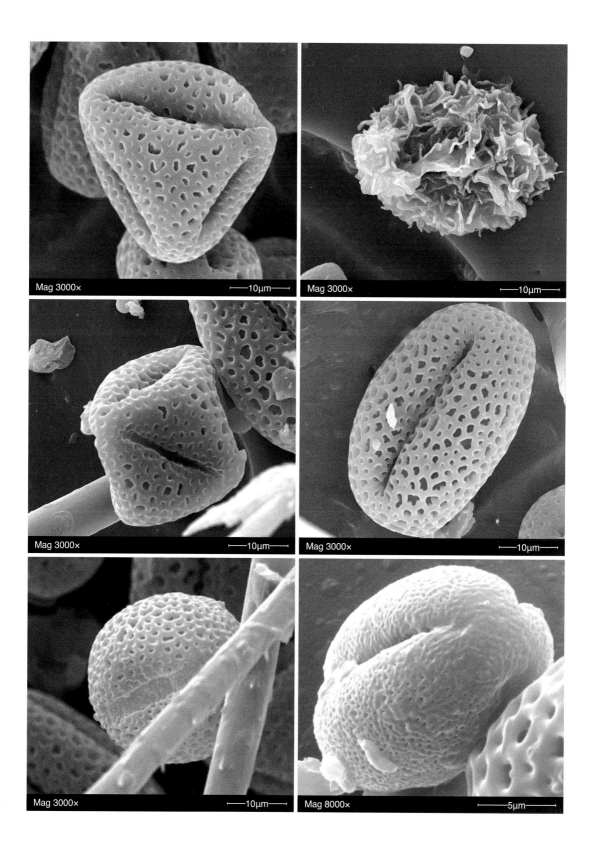

（四）鳃金龟亚科 Melolonthinae

5 红脚平爪鳃金龟 *Ectinohoplia rufipes* (Motschulsky)

　　体壁携带已知植物花粉为高山瞿麦、蔓孩儿参、紫椴花粉；未知植物花粉4种。

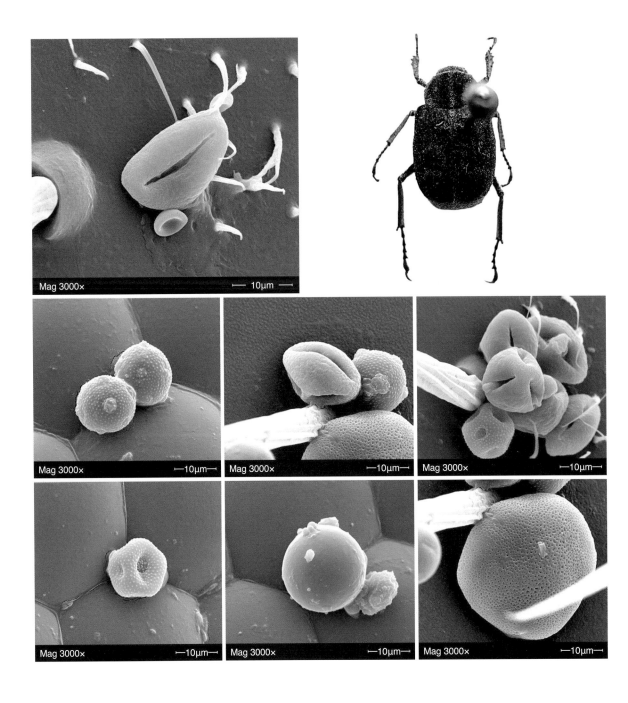

1 双瘤槽缝叩甲
Agrypnus bipapulatus (Candeze)

体壁携带已知植物花粉为尖被藜芦花粉；未知植物花粉4种。

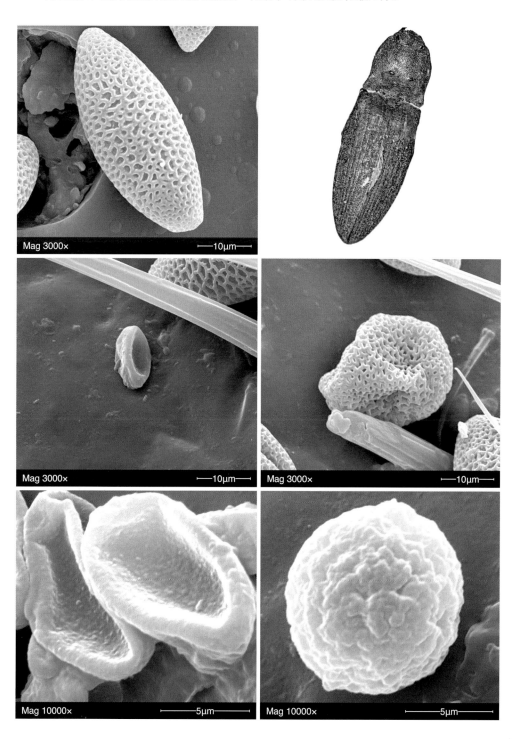

1 十四星瓢虫
Calvia quatuordecimguttata (L.)

体壁携带已知植物花粉为高山瞿麦花粉；未知植物花粉1种。

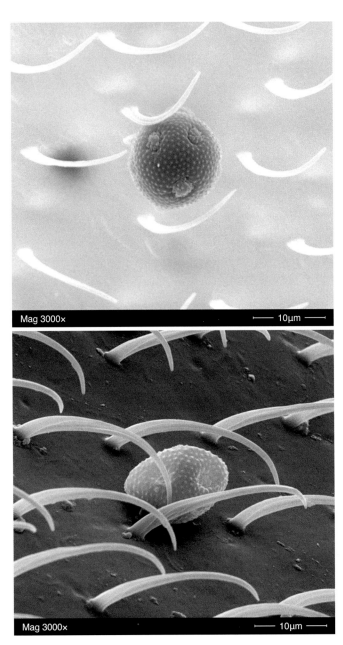

1 紫鞘毛郭公虫
Trichodes ircutensis (Laxmann)

体壁携带植物花粉4种，均为未知植物花粉。

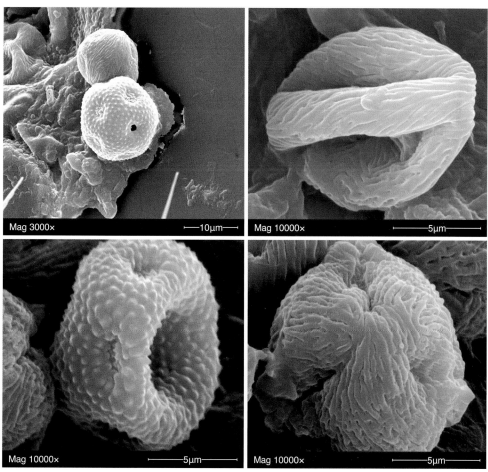

Mag 3000×　　　⊢——10μm

Mag 10000×　　　⊢——5μm

Mag 10000×　　　⊢——5μm

Mag 10000×　　　⊢——5μm

膜翅目　Hymenoptera

1　密林熊蜂 *Bombus patagiatus* Nylander

　　体壁携带已知植物花粉为高山瞿麦、小窃衣、毛蕊老鹳草、棱子芹花粉；未知植物花粉1种。

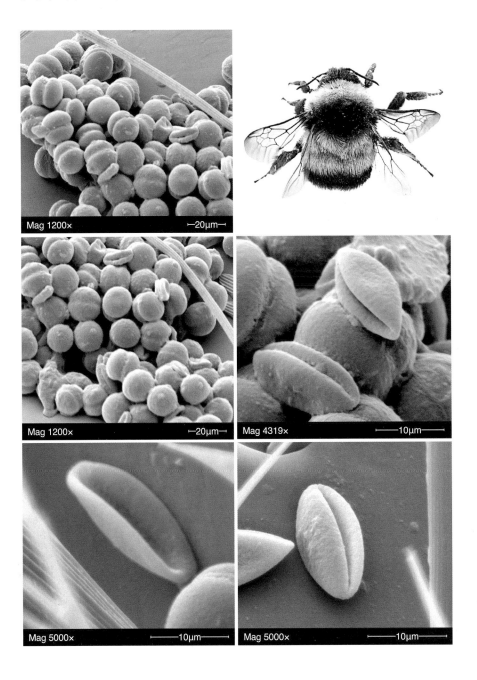

2 散熊蜂

Bombus sporadicus Nylander

　　体壁携带已知植物花粉为高山瞿麦、小窃衣、毛蕊老鹳草、棱子芹花粉；未知植物花粉1种。

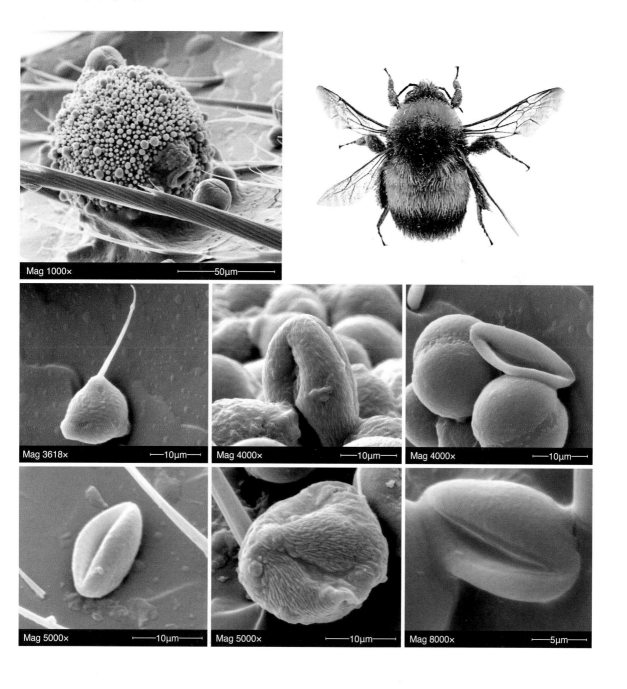

鳞翅目　Lepidoptera

1 柳紫闪蛱蝶 *Apatura ilia* (Denis & Schiffermüller)

体壁携带已知植物花粉为高山瞿麦花粉；未知植物花粉3种。

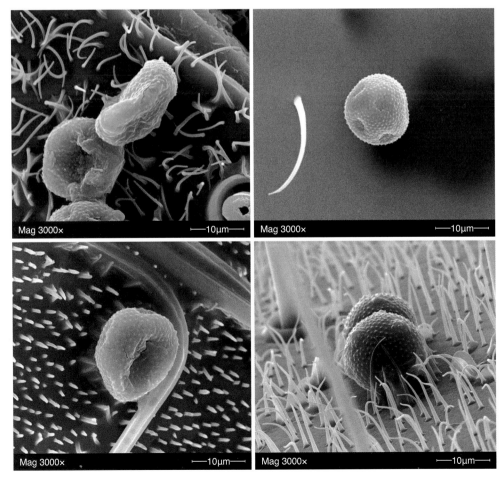

参考文献

金英花, 全雪丽, 张美淑, 等. 2020. 长白山自然保护区重点保护植物名录分析研究. 种子, 39(12): 62-67.

孟庆繁, 高文韬. 2008. 长白山访花甲虫. 北京: 中国林业出版社.

王伏雄. 1995. 中国植物花粉形态. 北京: 科学出版社.

周繇. 2004. 长白山国家级自然保护区观赏植物资源及其多样性. 东北林业大学学报, 32(6): 45-50.

Attique R, Zafar M, Ahmad M, et al. 2022. Pollen morphology of selected melliferous plants and its taxonomic implications using microscopy. Microscopy Research and Technique, 85(7): 2361-2380.

Carrion J S, Delgado M J, Garcia M. 1993. Pollen grain morphology of *Coris* (Primulaceae). Plant Systematics and Evolution, 184(1): 89-100.

Du G, Xu J, Gao C, et al. 2019. Effect of low storage temperature on pollen viability of fifteen herbaceous peonies. Biotechnology Reports, 21: e00309.

Erdtman G. 1945. Pollen morphology and plant taxonomy, Ⅳ. Svensk Botanisk Tidskrift, 39: 286-297.

Erdtman G. 1969. Handbook of Palynology. Copenhagen: Munksgaard.

Erdtman G. 1971. Pollen Morphology and Plant Taxonomy. New York: Hafner Publishing Company.

Faegri K, Iversen J. 1989. Textbook of Pollen Analysis. Chichester: John Wiley & Sons.

Lang G. 1994. Quartäre Vegetationsgeschichte Europas. Stuttgart, New York: Gustav Fischer Verlag Jena.

Macgregor C J, Kitson J J, Fox R, et al. 2019. Construction, validation, and application of nocturnal pollen transport networks in an agro-ecosystem: A comparison using light microscopy and DNA metabarcoding. Ecological Entomology, 44(1): 17-29.

Moore P D, Webb J A, Collinson M E. 1991. Pollen Analysis (second edition).Oxford: Blackwell Scientific Publications.

Ollerton J, Winfree R, Tarrant S. 2011. How many flowering plants are pollinated by animals? Oikos, 120(3): 321-326.

Perez De Paz J. 1980. Contribución al atlas palinológico de endemismos canariomacaronésicos 3. Botanica Macaronésica, 7: 77-112.

Punt W, Hoen P P, Blackmore S, et al. 2007. Glossary of pollen and spore terminology. Review of Palaeobotany and Palynology, 143(1-2): 1-81.

Rodger J G, Bennett J M, Razanajatovo M, et al. 2021. Widespread vulnerability of flowering plant seed production to pollinator declines. Science Advances, 7(42): eabd3524.

Towil L E. 2010. Long-term pollen storage. Plant Breeding Reviews, 13: 179-207.

Visser T. 1955. Germination and storage of pollen. Meded Landbouwhogeschool Wageningen, 55: 1-68.

Walker J W. 1974. Evolution of exine structure in the pollen of primitive angiosperms. American Journal Botany, 61(8): 891-902.

Wei N, Kaczorowski R L, Arceo-Gómez G, et al. 2021. Pollinators contribute to the maintenance of flowering plant diversity. Nature, 597: 688-692.

Wodehouse R P. 1931. Pollen grains in the identification and classification of plants Ⅵ. Polygonaceae. American Journal of Botany, 18(9): 749-764.

拉丁名索引

中文名索引